物联网
场景设计与开发（中级）

行文智教（南京）科技有限公司◎编著

人民邮电出版社

北 京

图书在版编目（CIP）数据

物联网场景设计与开发：中级 / 行文智教（南京）
科技有限公司编著. -- 北京：人民邮电出版社，2022.10
ISBN 978-7-115-59563-8

Ⅰ. ①物… Ⅱ. ①行… Ⅲ. ①物联网—程序设计
Ⅳ. ①TP393.4②TP18

中国版本图书馆CIP数据核字(2022)第110314号

内 容 提 要

物联网场景设计与开发包含智能化的场景设计、硬件开发、软件开发、运维服务等多种物联网技术。本书深入浅出地介绍了智慧家庭场景项目方案设计、项目指导、项目巡检、项目验收，还详细描述了智慧家庭场景应用实验、智能门禁系统应用实验。

本书可以作为"物联网场景设计与开发"1+X证书制度试点培训用书，以及职业院校物联网应用技术、计算机和机电工程相关专业教材，也可以作为其他相关专业选修课教材使用，还可以供对物联网感兴趣的读者阅读。

♦ 编　　著　行文智教（南京）科技有限公司
　　责任编辑　张　迪
　　责任印制　马振武

♦ 人民邮电出版社出版发行　　北京市丰台区成寿寺路 11 号
　邮编　100164　　电子邮件　315@ptpress.com.cn
　网址　https://www.ptpress.com.cn
　北京虎彩文化传播有限公司印刷

♦ 开本：787×1092　1/16
　印张：12.5　　　　　　　　2022 年 10 月第 1 版
　字数：234 千字　　　　　　2022 年 10 月北京第 1 次印刷

定价：89.90 元

读者服务热线：(010)81055493　印装质量热线：(010)81055316
反盗版热线：(010)81055315
广告经营许可证：京东市监广登字 20170147 号

编 委 会

职业教育是使人与职业相结合，帮助人走向社会的教育。2022 年 5 月 1 日起实施的《中华人民共和国职业教育法》在第一条就开宗明义地明确了促进就业创业是职业教育的主要社会责任。新修订的《中华人民共和国职业教育法》明确规定了职业教育的类型属性，"职业教育是与普通教育具有同等重要地位的教育类型，是国民教育体系和人力资源开发的重要组成部分，是培养多样化人才、传承技术技能、促进就业创业的重要途径"，这表明我国要按照类型教育规律，即技术技能人才的成长规律构建教育制度、办好职业教育。"1+X 证书制度"正是具有类型教育特色的职业教育人才培养和评价制度的具体体现。

从职业院校育人角度来看，"1+X"是一个整体，构成了完整的职业教育架构，"1"与"X"作用互补、不可分离。学历证书"1"具有基础性、主体性，解决了德智体美劳全面发展与职业对应的专业技术技能教育融合的问题，为学生的可持续发展打下基础；职业技能等级证书"X"具有针对性、引导性、先进性，解决了职业技能、职业素质或新技能的强化、补充或拓展问题。

物联网场景设计与开发领域"X"的配套教材，是由行文智教（南京）科技有限公司牵头物联网领域领先企业，通过调研智慧场景项目主管、项目经理、成套技术服务工程师和成套设计工程师等岗位的工作内容，聚焦物联网智慧家庭、智慧园区、智慧酒店和智慧教育等场景中项目方案设计、项目实施和基础开发与测试等工作领域，联合院校教学专家和企业资深工程师编写而成的。

《物联网场景设计与开发（中级）》面向中级技能培训，涵盖真实项目案例，着重解决智慧家庭场景一体化设计、安装、维修等问题。职业院校的物联网相关专业可以选用本书作为教材，教师在教学中可全面考量专业的技能型人才培养目标和专业教学标准，处理好学历教育与职业技能等级证书的匹配关系，深化课证结合的教学改革。

在职业教育中实行学历证书及其他学业证书、培训证书、职业资格证书和职业技能等级证书制度是新修订的《中华人民共和国职业教育法》的规定，并且从法律的角度明确了学业证书、培训证书、职业资格证书和职业技能等级证书都是受教育者的从业凭证。职业院校学生在获得学业证书的同时考取职业技能等级证书，无疑有助于拓展就业、创业能力，提高就业质量，缓解结构性就业矛盾。当然，职业技能等级证书除了服务于职业院校技能型人才培养，还可以服务于企业职工或其他社会学习者，因此希望本书的出版能够助力物联网领域学习者提升岗位适应力、拓宽职业发展路径，为物联网产业高素质技能型人才培养贡献力量。

中国职业技术教育学会副会长
北京市教育委员会原副主任

人才，是企业未来最大的财富

当前全球企业面临诸多挑战，数字经济高速发展，新理念、新技术、新模式、新业态层出不穷。企业要想实现可持续发展，离不开变革与创新，动态提升企业的竞争力。"得人才者兴，失人才者衰"。人才成为提升企业竞争力的关键因素。

职业教育作为国民教育体系和人力资源培养的重要组成部分，承担着为国家培养多样化人才、传承技术技能、促进就业创业的重要职责，是实现技能人才强国的关键。

海尔集团作为一个在改革开放中成长起来的国际化企业，深知人才培养对企业发展的重要性。正是一代又一代海尔人，把创新创业的理念深深植根于灵魂之中，海尔集团才能保持创新的活力、发展的动力和领航的能力。"产教融合、校企合作"是职业教育的基本办学模式。海尔集团作为全国"首批产教融合型企业"，依托品牌优势和全球生态资源在职业教育领域积极推动校企合作，持续为教育事业的发展贡献海尔力量。

人是目的。每个学生都是一个能量球，教育的最大责任就是激活能量球，让学生获得最优发展。成就学生价值，努力打造适应新时代需求的创新人才，让学生在校期间就有创新、创业的实践机会，让更多的学生获得高质量就业，这是海尔集团积极推动"产教融合"创新的育人逻辑。教育部等四部门印发《关于在院校实施"学历证书＋若干职业技能等级证书"制度试点方案》，海尔智家股份有限公司（海尔集团子公司）成为第四批职业教育培训评价组织，获批开展物联网场景设计与开发、注塑模具模流分析及工艺调试、工业互联网网络运维 3 个职业技能等级证书的认证工作。2021 年，《物联网场景设计与开发（初级）》顺利出版。一年来，在各地教育主管部门的大力支持下，在职业院校、行业企业和海尔智家的共同推动下，全国数十所职业院校参与了海尔智家"物联网场景设计与开发"职业技能等级认证标准试点工作，数百名学生取得职业技能等级证书并实现高质量就业。"动手能力强，具有较强的创新意识"，这是用人单位对学生的普遍评价，我想这也是对我们创新模式的肯定。

如今的时代是用户的时代，决定企业成败的关键是与用户的距离，谁越接近用户，谁就越能成为用户的首选。结合技术产业升级，新时代对职业教育也提出了新的挑战。

本次出版的《物联网场景设计与开发（中级）》是海尔集团下属的全资子公司行文智教（南京）科技有限公司联合行业企业资深工程师、院校教学专家和研究机构学者共同编写而成的。本书包含智慧家庭场景中各岗位的典型工作任务，教学内容模块化、知识技能碎片化，降低了系统理论知识的理解难度，有利于学生理解和学习。

我相信，《物联网场景设计与开发（中级）》及其相关图书对大家认识和了解物联网行业、智慧应用场景和岗位有所帮助，也会对面向未来的技能型人才培养工作有所帮助。

徐萌

海尔智家副总裁　中国区总经理

本书是"物联网场景设计与开发"1+X证书制度试点培训用书之一。《物联网场景设计与开发(初级)》已于2021年出版。《物联网场景设计与开发(高级)》也即将与各位读者见面。

海尔智家根据"物联网场景设计与开发"职业技能等级认证标准的要求，以培养符合物联网行业技术发展要求的从业人员为目标，以培养"职业素养＋职业技能"为核心理念，组织企业资深工程师、院校教学专家和研究机构学者等共同编写了这一系列图书。

《物联网场景设计与开发(中级)》以3个项目为基础，围绕着物联网智慧家庭场景、智能门禁系统展开了基于真实工作情景的项目制实训。项目一还原了智慧家庭场景的项目方案设计、项目指导、项目巡检和项目验收工作模块。项目二和项目三结合了物联网场景中的典型应用案例，从传感器接线实验到程序烧写与配置实验，再到典型物联网应用功能的开发，均设置了详尽的项目制实训内容。

本书主要面向职业院校物联网应用技术、计算机和机电工程等相关专业学生，也适用于物联网行业从业人员。本书可用于指导物联网场景的成套设计工程师、成套技术服务工程师、项目主管、项目经理等人员，主要完成物联网智慧家庭场景项目方案设计、项目实施、开发与测试、技术支持、项目管理等工作。本书具备结构化、形式化、模块化、灵活性、重组性等诸多符合职业教育教学和自主学习的特征，方便读者在学习过程中构建学习管理体系。本书根据"职业素养为基础、工作任务为导向、专业技能为核心"的理念，明确了学习项目和内容，做到理论和实践一体，职业技能培训与专业教学互补，将职业素养和工匠精神贯穿在实训中，以培养高素质的技能型人才。

本书提供电子资源（"实验源码""物联网场景设计与开发资料包"），如需相关资源，请发送邮件至 support@cosmoplat.com 获取。

行文智教（南京）科技有限公司是海尔集团下属的全资子公司，本系列图书的编写工作由行文智教（南京）科技有限公司负责。由于编者水平有限，书中难免存在不足，欢迎广大读者提出宝贵意见。

目录

项目一　智慧家庭场景

附录

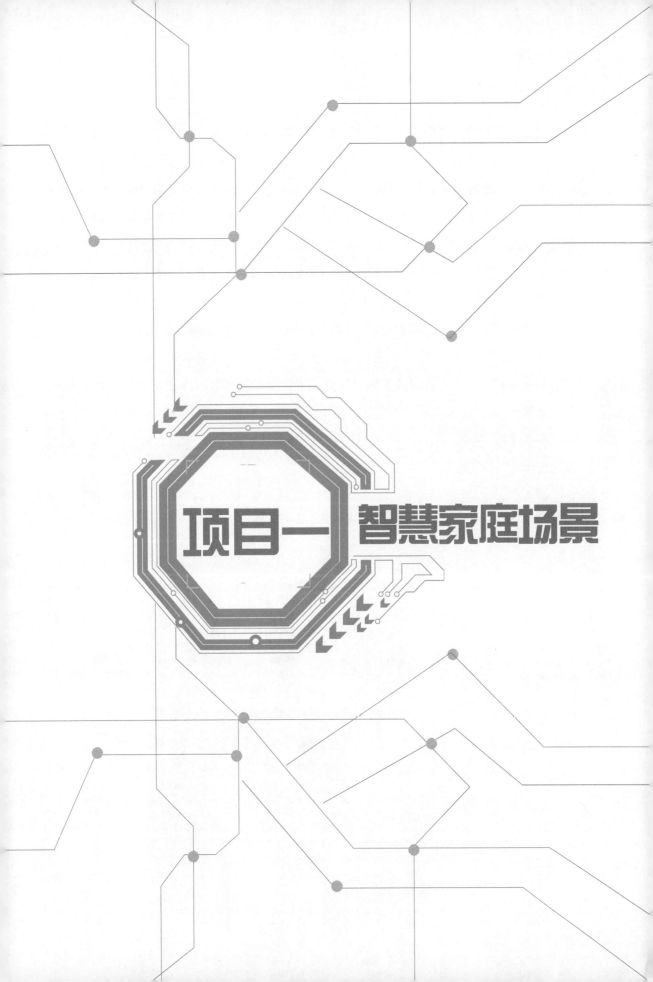

项目一 智慧家庭场景

● 项目背景

　　从事进出口贸易的李先生在北京购买了一套 200m² 左右的 3 层别墅，他联系到北京海尔智家，要求新房设计成海尔智慧家庭，预算为 25 万～35 万元，由于李先生的工作原因需要经常出差，家中只有李太太和一个 7 岁的孩子，李太太是一名小学老师，孩子在读小学 1 年级。通过前期沟通，李先生确定设计卧室、客厅、厨房 3 个区域。其中，卧室包括 1 间主卧、2 间儿童房、2 间客房，使用安防、背景音乐、灯光窗帘控制 3 个子系统。李太太明确表示，安防设备要使用规格较高的，其他没有太多要求，李太太主要负责此次智慧家庭设计事宜。

　　负责本次项目的是以高经理为项目负责人的"生态 100"团队。该团队项目经验丰富，完成过多次经典案例。为了方便项目的具体开展，李先生智慧家庭设计项目编号定为 80。

　　根据客户的需求，项目负责人高经理与李太太约定在 3 天后进行现场勘察与测算。测算完成后，成套设计工程师讲解报价清单。与李太太确定项目报价后，项目主管经过现场勘察与测算，将此项目工期定为 4 个月。80 号智慧家庭项目于 2021 年 2 月 27 日启动，按照工作计划有序进行。

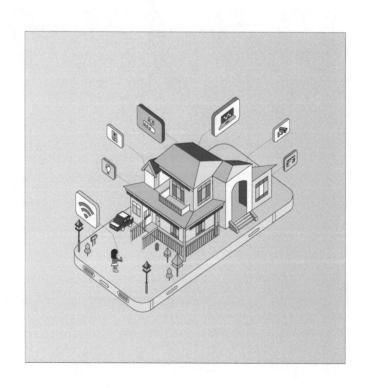

模块一

智慧家庭场景项目方案设计

1. 模块分析

刚开始学习项目管理理论和运用项目管理知识工作的人，一般会提出以下 3 个问题：什么是项目管理？项目管理的适用范围是什么？项目管理与实际工作中的岗位有什么关系？这 3 个问题是项目管理体系中第一层次主要研究的问题。

本模块包括两个方面的内容：一是围绕项目管理的基本问题，论述项目管理的定义与适用范围，因项目管理衍生出来的关键内容——项目经理的职责和工作内容；二是回答项目管理与实际工作岗位的关系，将项目管理知识情境化，以问题导向的方式融入智慧家庭场景项目，锻炼学习者对知识的学习能力、对技能的应用能力、对工作中实际问题的解决能力。

2. 项目管理知识分析

（1）项目的定义

项目是为创造独特的产品、服务或成果而进行的临时性工作。项目的"临时性"是指项目有确定的起点和终点。"临时性"不意味着项目的持续时间短。当项目目标达成时，或项目因不能达到目标而中止时，抑或是项目需求不复存在时，项目便结束。结束项目的决定必须得到有关负责人的审批。

（2）项目管理的定义

项目管理是将知识、技能、工具与技术应用于项目活动中，以满足项目的要求。项目管理通过合理运用与整合特定项目所需的项目管理过程得以实现。

（3）项目经理的角色

项目经理是指由执行组织委派，带领团队实现项目目标的人。项目经理除了具备项目所需的特定技能和通用管理能力，还应具备以下能力。

① 掌握关于项目管理、商业环境、技术领域和其他方面的知识，以便有效管理特定项目。

② 具备有效领导项目团队、协调项目工作、与相关方协作、解决问题和做出决策所需的技能。

③ 形成编制项目计划（包括范围、进度、预算、资源、风险计划等）、管理项目工作，以及开展陈述和撰写报告的能力。

④ 拥有成功管理项目所需的其他特性，例如，工作态度、道德品质和领导力。

项目经理通过项目团队和其他相关方来完成工作。项目经理需要拥有人际关系技能，具体如下。

① 领导力。

② 团队建设。

③ 激励。

④ 沟通。

⑤ 影响力。

⑥ 决策。

⑦ 政治和文化意识。

⑧ 谈判。

⑨ 引导。

⑩ 冲突管理。

项目经理的成功取决于项目目标的实现。相关方的满意程度是衡量项目经理能力的另一个标准。

项目经理应尽力满足相关方的需求和期望，使相关方对处理结果满意。为了取得项目成功，项目经理应优化项目方法和管理过程，以满足项目和产品要求。

（4）项目生命周期

项目生命周期是指项目从开始到完成所经历的一系列阶段。项目阶段是一组具有逻辑关系的项目活动的集合，通常以一个或多个可交付成果的完成来结束。项目生命周期的 4 个通用阶段为：启动项目、组织与准备、执行项目工作、结束项目。

（5）项目管理组成部分

项目管理组成部分如图 1-1 所示。

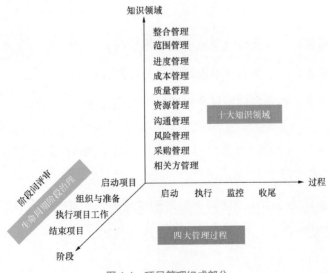

图 1-1　项目管理组成部分

任务一　智慧家庭场景项目图纸设计

"智慧家庭场景项目图纸设计"处于项目生命周期的第一阶段，即启动项目。该阶段属于项目管理知识领域的项目质量管理，是项目管理过程的启动过程。任务分析如图 1-2 所示。

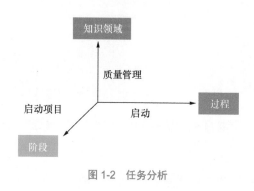

图 1-2　任务分析

1. 情境描述

分析 80 号智慧家庭的需求信息登记表（详见本任务的"9. 附件"），为客户设计智慧家庭计算机辅助设计（Computer Aided Design，CAD）图纸，包含点位图、施工布线图、系统架构图等。

2. 任务目标

① 熟练使用 AutoCAD 软件制作图纸，明晰智慧家庭 CAD 图纸设计流程，掌握 AutoCAD 软件使用方法。

② 分析客户需求，独立完成智慧家庭点位图设计。

③ 分析客户需求，独立完成智慧家庭施工布线图设计。

④ 分析客户需求，独立完成智慧家庭系统架构图设计。

3. 知识链接

（1）复制的基本知识

① 复制。复制是将当前选中的图形对象制作成多份，对于需要许多同一种图形对象的任务来说，基点复制命令能快速、便捷地生成相同形状的图形对象并且能够达到再次绘制的目的。

② 功能。用户（学生）使用"复制"命令可以以指定的角度和方向创建原对象的副本，

配合使用坐标、栅格捕捉、对象捕捉和其他工具，实现精确复制对象，提高绘图效率。在默认情况下，"复制"命令自动重复执行。用户可以使用系统变量"CopyMode"来控制是否自动重复"复制"命令。当变量值为 0 时，程序会自动重复"复制"命令；当变量值为 n 时，设置创建 n 个副本的"复制"命令。另外，因为相对坐标是假设的，所以在输入相对坐标复制对象时，不需要像通常情况下那样包含"@"标志。如果用户需要指定距离或角度复制对象，还可以在"正交"模式和"极轴追踪"打开的同时使用动态输入模式，快速、精确地确定目标点。

③ 命令调用。用户可采用以下任一操作方法调用"复制"命令。

操作方法一：在菜单栏选择"修改"→"复制"命令。

操作方法二：在功能区单击"默认"选项卡→"修改"面板→"复制"按钮。

操作方法三：在命令行输入"Copy"，按 <Enter> 键执行。

（2）偏移的基本知识

① 功能。用户使用"偏移"命令可以创建出与源对象平行并有一定距离、形状相同或相似的新对象。使用"偏移"命令可以偏移直线、圆弧、圆、椭圆和椭圆弧、二维多段线，以及构造线、射线、样条曲线等图形对象，常用于创建同心圆、平行线和平行曲线等。在使用"偏移"功能时，用户可采用指定距离进行偏移，或通过指定点来进行偏移。在偏移圆、圆弧或图块时，用户可以创建更大或更小的相似图形，这取决于向哪一侧进行偏移。

② 命令调用。用户可采用以下任一操作方法调用"偏移"命令。

操作方法一：在菜单栏选择"修改"→"偏移"命令。

操作方法二：在功能区单击"默认"选项卡→"修改"面板→"偏移"按钮。

操作方法三：在命令行输入"Offset"，按 <Enter> 键执行。

③ 命令操作。用户使用"偏移"命令时，如果偏移的对象是线段，则偏移后的线段长度是不变的。但如果偏移的对象是圆、圆弧或矩形等，则偏移后的对象将放大或缩小。"偏移"功能在使用时分为定距偏移、通过点偏移、删除源对象偏移、变图层偏移 4 种。其中，程序默认的方式为定距偏移。

（3）缩放的基本知识

① 功能。用户使用"缩放"命令可以调整图形对象的大小，使其在一个方向上按比例增大或缩小。缩放图形对象需要指定基点和比例因子。基点将作为缩放操作的中心，当选定图形对象的大小发生改变时，基点位置保持不变。当比例因子 >1 时，将放大图形对象，当比例因子为 0～1 时，将缩小图形对象。另外，用户还可以通过拖动光标使图形对象放大或缩小。

② 命令调用。用户可采用以下任一操作方法调用"缩放"命令。

操作方法一：在菜单栏选择"修改"→"缩放"命令。

操作方法二：在功能区单击"默认"选项卡 →"修改"面板 →"缩放"按钮。

操作方法三：在命令行输入"Scale"，按 <Enter> 键执行。

（4）创建单行文字

① 功能。用户使用"单行文字"命令可以创建一行或多行文字，在命令执行过程中，通过按 <Enter> 键结束每一行文字。此时创建的每行文字都是独立的对象，可对其进行重新定位、调整格式或编辑修改。当创建单行文字时，首先要指定文字样式并设置对齐方式，用于单行文字的文字样式与用于多行文字的文字样式相同。当创建文字时，可在"输入样式名"的提示下输入样式名来指定现有样式。对齐是指决定字符的哪一部分与插入点对齐。如果需要输入的文字内容较少时，则可以用创建"单行文字"的方法输入。

② 命令调用。用户可采用以下任一操作方法调用"单行文字"命令。

操作方法一：在菜单栏选择"绘图"→"文字"→"单行文字"命令。

操作方法二：在功能区单击"默认"选项卡 →"注释"面板 →"单行文字"按钮。

操作方法三：在命令行输入"Text"或"Dtext"，按 <Enter> 键执行。

③ 命令操作。用户执行"单行文字"命令时，先要指定第一个字符的插入点，完成首行文字的输入，并按 <Enter> 键，程序将紧接着最后创建的文字对象定位新的文字。如果在此命令执行过程中指定了另一个点，则光标将移到该点上，继续输入文字。每次按 <Enter> 键或用鼠标指定点时，都会创建新的文字对象。

（5）创建多行文字

① 功能。多行文字是一种易于管理和操作的文字对象，可以用来创建两行或两行以上的文字，且每行文字都是独立的、可单独编辑的整体。用户可以利用"多行文字"工具，通过输入或导入文字来创建多行文字对象，或创建内容较长、较为复杂的文字注释。Auto-CAD 2014 提供了"在位文字编辑器"，可以在此编辑器中完成文字输入和编辑的全部功能。输入文字之前，用户应指定文字边框的对角点。文字边框可用于定义多行文字对象中段落的宽度。多行文字是由任意数目的文字行或段落组成的，文字内容会自动布满指定的宽度，还可以沿垂直方向无限延伸。多行文字对象的长度取决于文字数量，而不是边框的长度。多行文字对象和输入的文本文件最大为 256KB。

② 命令调用。用户可采用以下任一操作方法调用"多行文字"命令。

操作方法一：在菜单栏选择"绘图"→"文字"→"多行文字"命令。

操作方法二：在功能区单击"默认"选项卡→"注释"面板→"多行文字"按钮。

操作方法三：在命令行输入"Mtext"，按 <Enter> 键执行。

③ 命令操作。用户执行"命令调用"时，可根据提示单击要创建的文本框的两个对角点，系统将会在功能区弹出"在位文字编辑器"，其中包含文字格式工具栏、段落对话框、工具栏菜单和编辑器设置等。另外，在绘图区域也会出现一个文字编辑窗口。

（6）打印图纸

用户可采用以下任一操作方法调用"打印"命令。

操作方法一：选择"应用程序"按钮中的"打印"命令。

操作方法二：在功能区单击"输出"选项卡→"打印"面板→"打印"按钮。

操作方法三：在绘图区域下方的"模型"选项卡或"布局"选项卡上单击，在弹出的快捷菜单中选择"打印"命令。

操作方法四：在命令行输入"Plot"，按 <Enter> 键执行。

4. 任务分组

教师将班级学生分成若干组，每组 3 人，轮值安排担任项目主管、项目经理、成套设计工程师，确保每个人在不同的岗位上扮演不同的角色，深入了解各岗位的任务和需求，便于在真实工作环境中，明确岗位职责，提高工作效率。

各小组分配角色后，在规定的课时内，完成相应的任务。学生任务分配见表 1-1。

表 1-1 学生任务分配

班级			组号	
项目经理			项目主管	
成员	学号	姓名	角色	任务分工
			项目主管	不参与任务操作，负责过程监督、质量评价
			项目经理	检查成套设计工程师设计图纸的正确性
			成套设计工程师	完成智慧家庭点位图、施工布线图、系统架构图设计
备注				

5. 制订工作计划

工作计划见表 1-2。

表 1-2　工作计划

阶段	时间	动作	要点	责任人	协助	物料
执行阶段	第一天	深入分析客户需求	根据客户需求表深入分析客户需求	成套设计工程师	项目经理	计算机、AutoCAD软件、客户需求登记表
	第二天	制订智慧家庭点位图、施工布线图、系统架构图	根据客户需求表制订智慧家庭点位图、施工布线图、系统架构图			

作业一：根据表 1-2 中呈现的第一天、第二天的工作内容，完成第三天工作内容的填写。

6. 工作实施

以小组为单位，学生分别扮演不同的角色，确保每位组员担任不同的角色，体会不同角色的需求，全面掌握各岗位的工作内容，便于在未来的工作岗位中，准确、快速地设计智慧家庭图纸，提高工作效率。

图纸设计的要求如下。

① 根据客户提供的平面图及需求，成套设计工程师设计 80 号智慧家庭点位图、施工布线图、系统架构图。

② 图纸制作过程中应按照客户提出的需求及客户确认的选型产品。

③ 图纸封面必须标明项目名称、图纸类别（点位图、施工布线图、系统架构图）和图纸日期。

④ 每张图纸必须编制图名、图号、比例、时间。

⑤ 图纸设计顺序为：点位图→施工布线图→系统架构图。

⑥ 成套设计工程师可在海尔智慧家庭 CAD 图纸样例中复制客户需求型号产品，粘贴到平面图纸中需要安装的位置，形成点位图。

⑦ 成套设计工程师将单独复制设计好的点位图，在原有图纸的基础上为每个设备单独标记所需线材，形成施工布线图。

⑧ 成套设计工程师可复制海尔智慧家庭 CAD 图纸样例中的系统架构图到新创建的图

纸中，根据点位图、施工布线图中的产品功能及客户需求，在原系统架构图中进行产品删减，形成客户定制化系统架构图。

作业二：根据海尔智慧家庭 CAD 图纸样例和客户提供的平面图，设计 80 号智慧家庭项目的点位图、施工布线图、系统架构图。

7. 评价反馈

智慧家庭场景项目图纸设计检查见表 1-3。

表 1-3　智慧家庭场景项目图纸设计检查

姓名：		组别：	担任岗位：		总分：	
项目名称：80 号智慧家庭					日期：	
序号	内容	检查要点		评分标准		扣分
1	设计点位图	点位图设备位置是否合理		1 分		
2	设计施工布线图	施工布线图各设备线路说明是否正确		1 分		
3	设计系统架构图	系统架构图逻辑设计是否清晰；各系统连接是否准确		2 分		
4	作业要求	作业要求是否完成；作业完成的正确性		2 分		
点评：						
是否合格：□是　　　□否						
评价者：项目主管　　　　　　教师						
说明：①未完成，扣除当前所有分数；②已完成但出现错误，根据实际情况，酌情扣分；③累计扣除的分数超过总分数的一半，视为不合格						

8. 个人反思与总结

9. 附件

海尔智慧家庭客户需求信息登记见表 1-4。

表 1-4　海尔智慧家庭客户需求信息登记

业主信息	姓名：李XX	性别：男	年龄：35	电话：182XXXX3221
	详细地址：北京市XX区XX庄园XX栋XX号			
居住成员	李先生、李太太、孩子			
房子现状	☑ 毛坯		□ 后装	面积：200 m²
	详细进程：前期基础施工完成，后期智慧家庭产品进场安装			
功能实现	☑ 智能灯光窗帘	☑ 智能门锁	□ 远程家电	☑ 远程视频监控
	☑ 智能安防	□ 可视对讲	□ 智能家庭影院	☑ 背景音乐
	备注：客户要求使用较高标准的安防设备			
空调	红外□	中央空调□	品牌型号：	备注：客户自行购买
新风	无			
地暖	无			
预算	25万～35万元			
备注				

任务二　智慧家庭场景项目清单制订

　　"智慧家庭场景项目清单制订"处于项目生命周期的第三阶段，即执行项目工作。该阶段属于项目管理知识领域的项目成本管理，是项目管理过程的执行过程。任务分析如图 1-3 所示。

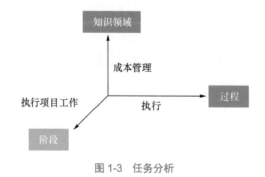

图 1-3　任务分析

1. 情境描述

分析 80 号智慧家庭项目的需求信息登记表，为客户制订智慧家庭产品报价清单，根据工程的实际需求，成套设计工程师制订产品报价清单，项目经理拟定智慧家庭预算成本方案（供内部使用）。

需要注意的是，本任务中所涉及产品的价格与其他可替代型号可自行上网搜索获取。文中涉及的产品价格均为虚拟价格。

2. 任务目标

① 熟悉智慧家庭各设备的型号、规格、价格。

② 识读智慧家庭图纸说明和 CAD 图纸样例。

③ 分析客户需求登记表的实际情况，运用 Excel 软件，准确制订 80 号智慧家庭产品报价清单，拟订 80 号智慧家庭预算成本方案。

④ 根据项目的实际需求，制订 80 号智慧家庭场景项目用人需求表。

3. 知识链接

（1）制订进度计划

制订进度计划是分析项目活动顺序、持续时间、资源需求和进度制约因素，创建进度模型，从而落实项目执行和监控的过程。制订进度计划需要在整个项目期间开展，主要作用是为完成项目活动而制订具有计划日期的进度模型。制订进度计划可使项目组成员明确任务及时间节点，使工作有计划地展开。

（2）工作分解结构

工作分解结构（Work Breakdown Structure，WBS）是把项目中的可交付成果和工作分解为较小的、更易于管理的模块。WBS 的主要作用是为所要交付的内容提供框架。WBS 适用于项目初期，一般在项目中只开展一次，或在某个项目的特定时间节点开展。

（3）制订预算

制订预算是汇总所有单个活动或工作的估算成本，是建立一个经批准的成本基准的过程。制订预算的主要作用是，确定可依据监督和控制项目绩效的成本基准。制订预算适用于项目初期，一般在项目中只开展一次，或在某个项目的特定时间节点开展。

4. 任务分组

教师将班级学生分成若干组，每组 3 人，轮值安排担任项目主管、项目经理、成套设计工程师，确保每个人在不同的岗位上扮演不同的角色，深入了解各岗位的任务和需求，便于在真实工作环境中，明确岗位职责，提高工作效率。

各小组分配角色后，在规定的课时内，完成相应的任务。学生任务分配见表1-5。

表1-5　学生任务分配

班级			组号	
项目经理			项目主管	
成员	学号	姓名	角色	任务分工
			项目主管	不参与任务操作，负责过程监督、质量评价
			项目经理	编制80号智慧家庭预算成本方案
			成套设计工程师	制订80号智慧家庭产品报价清单
备注				

5. 制订工作计划

工作计划见表1-6。

表1-6　工作计划

阶段	时间	动作	要点	责任人	协助	物料
执行阶段	第一天	制订智慧家庭产品报价清单	根据CAD点位图确定设备型号及数量，制订智慧家庭产品报价清单	成套设计工程师	项目经理	计算机、Excel软件
	第二天	编制智慧家庭预算成本方案	依照智慧家庭产品报价清单，编制智慧家庭预算成本方案	项目经理	成套设计工程师	

作业一：根据表1-6中呈现的第一天、第二天的工作内容，完成第三天工作内容的填写。

6. 工作实施

以小组为单位，学生分别扮演不同的角色，确保每位组员担任不同的角色，体会不同角色的需求，全面掌握各岗位的工作内容，便于在未来的工作岗位中，准确获取客户的真实需求，提高工作效率。

（1）制订智慧家庭产品报价清单的注意事项

① 成套设计工程师参照海尔智慧家庭客户需求信息登记表（见表1-4）和海尔智慧家庭系统配置清单（见表1-11），制订80号智慧家庭产品报价清单。

② 成套设计工程师参照海尔智慧家庭客户需求信息登记表，在各区域合理分配所使用设备的数量、型号。

③ 成套设计工程师准确写出项目名称，清晰呈现项目的基本情况。在项目进行过程中，内容会发生调整，明确编制时间，留存原始清单，为之后产品报价清单的修改提供原始依据。

④ 项目中所涉及的产品和辅材，例如，产品用量短缺，需要用其他类型的产品替代，可在备注中描述。如果所使用的产品和辅材的性能特殊，那么需要在备注中描述清楚。

⑤ 智慧家庭产品报价清单中要明确写出适用范围和注意事项。例如，表 1-7 为 2021 年 2 月 20 日与 80 号智慧家庭沟通后根据工程量确定的产品报价清单，如果之后项目产品和辅材使用量变更，则应在表 1-7 中注明变更的情况与说明。

（2）制订智慧家庭产品报价清单

智慧家庭产品报价清单样例见表 1-7。

表 1-7　智慧家庭产品报价清单样例

项目名称：80 号智慧家庭

设计时间：2021 年 2 月 18 日

清单说明：本表为 2021 年 2 月 20 日与 80 号智慧家庭沟通后根据工程量确定的产品报价清单，如果之后项目产品和辅材使用量变更，则请在本表中注明变更的情况与说明

区域	序号	名称	品牌	型号	单位	数量	单价 / 元	合计 / 元	备注
客厅	1	家庭控制中心	Haier	HW 系列	个	1	5200	5200	安防系统报警后，声光报警器报警并闪光警示
	2	背景音乐	泊声	BA 系列	套	1	6400	6400	音乐播放
主卧	1	智能触控面板	Haier	HK 系列	个	3	7200	21600	灯光控制、窗帘控制及场景控制
	2	窗帘电机	Haier	HK 系列	个	2	2900	5800	窗帘控制
	3	窗帘电机配件	Haier		套	2	9800	19600	配套窗帘电机组装

作业二：请根据项目的实际需要，参照海尔智能家庭系统配置清单，制作 80 号智慧家庭产品报价清单。

（3）拟定智慧家庭预算成本方案

智慧家庭预算成本方案样例见表1-8。

表1-8　智慧家庭预算成本方案样例

项目名称：80号智慧家庭

设计时间：2021年2月18日

区域	序号	名称	品牌	型号	单位	数量	报价合计/元	成本合计/元
主卧	1	智能触控面板	Haier	HK系列	个	3	21600	20610
	2	窗帘电机	Haier	HK系列	个	2	5800	5140
	3	窗帘电机配件	Haier		套	2	19600	16400
其他	1	劳动力成本			人/天	1	500	500
合计（不含税）							47500	42650
13%增值税							6175	5544.5
合计（含税）							53675	48194.5
利润							5480.5	

作业三：表1-8呈现的内容为部分区域，根据80号智慧家庭场景项目的实际需要，参照海尔智慧家庭系统配置清单，制作80号智慧家庭预算成本方案。

（4）制订80号智慧家庭场景项目用人需求表

智慧家庭场景项目用人需求表样例见表1-9。

表1-9　智慧家庭场景项目用人需求表样例

项目名称：80号智慧家庭

制订时间：2021年2月26日

岗位	职责	数量
项目经理	把控项目进度、项目质量、完成度	1名
成套设计工程师	根据客户要求，设计、修改图纸	1名
成套技术服务工程师	安装调试智慧家庭产品，指导客户使用各类产品	1名

7. 评价反馈

智慧家庭场景项目清单制订检查见表1-10。

表 1-10　智慧家庭场景项目清单制订检查

姓名：		组别：	担任岗位：		总分：	
项目名称：80 号智慧家庭					日期：	
序号	内容		检查要点		评分标准	扣分
1	制订智慧家庭产品报价清单		对照智慧家庭 CAD 点位图，检查产品的数量及型号；报价清单中各产品金额是否正确		2 分	
2	编制智慧家庭预算成本方案		对照智慧家庭产品报价清单，检查预算成本总金额		1 分	
3	作业要求		作业要求是否完成；作业完成的正确性		2 分	
点评：						
是否合格：□是　　　□否						
评价者：项目主管　　　　　教师						
说明：①未完成，扣除当前所有分数；②已完成但出现错误，根据实际情况，酌情扣分；③累计扣除的分数超过总分数的一半，视为不合格						

8. 个人反思与总结

9. 附件

海尔智慧家庭系统配置清单见表 1-11。

表 1-11　海尔智慧家庭系统配置清单

序号	名称	品牌	型号	单位	数量	单价/元	备注
1	家庭控制中心	Haier	HW 系列	个	1	5200	安防系统报警后，声光报警器报警并闪光警示
2	智能触控面板	Haier	HK 系列	个	1	7200	灯光控制、窗帘控制及场景控制
3	窗帘电机	Haier	HK 系列	个	1	2900	窗帘控制
4	窗帘电机配件	Haier		套	1	9800	配套窗帘电机组装
5	背景音乐	泊声	BA 系列	套	1	6400	音乐播放

续表

序号	名称	品牌	型号	单位	数量	单价/元	备注
6	智能门锁	Haier	HFH 系列	把	1	2800	开门联动
7	音频线	国优	BV	盘	1	260	用于背景音乐系统
8	紧急按钮	Haier	HS 系列	个	1	250	用于紧急情况报警
9	摄像头	Haier	HCC 系列	个	1	358	用于视频监控
10	中央控制模块	Haier	HR-03KJ	个	1	2000	连接多种智能设备
11	燃气报警器	居安瑞韩	GAS-EYE-102A	个	1	556	监控室内燃气状况
12	关阀机械手	居安瑞韩	JA-A	个	1	538	
13	通信控制器	韩国信友	GSV-102T	个	1	1389	
14	劳动力成本			天	1	500	
15	其他耗材			组	1	1540	
16	施工设备折旧费			组	1	700	

答案详解

任务一　智慧家庭场景项目图纸设计（答案）

作业一：对应表 1-2 相关内容，工作计划（答案）见表 1-12。

表 1-12　工作计划（答案）

阶段	时间	动作	要点	责任人	协助	物料
执行阶段	第一天	深入分析客户需求	根据客户需求表深入分析客户需求	成套设计工程师	项目经理	计算机、AutoCAD 软件、客户需求登记表
	第二天	制订智慧家庭点位图、施工布线图、系统架构图	根据客户需求表制订智慧家庭点位图、施工布线图、系统架构图			
	第三天	将智慧家庭系统系列图协同给成套技术服务工程师	依据图纸设计实际情况，与成套技术服务工程师详细沟通技术要点、特殊事宜			

作业二：详见智慧家庭点位图、施工布线图、系统架构图、平面图和海尔智慧家庭 CAD 图纸样例，请扫二维码获取。

任务二 智慧家庭场景项目清单制订（答案）

作业一： 对应表 1-6 相关内容，工作计划（答案）见表 1-13。

表 1-13 工作计划（答案）

阶段	时间	动作	要点	责任人	协助	物料
执行阶段	第一天	制订智慧家庭产品报价清单	根据 CAD 点位图确定设备型号及数量，制订智慧家庭产品报价清单	成套设计工程师	项目经理	计算机、Excel 软件
	第二天	编制智慧家庭预算成本方案	依照智慧家庭产品报价清单，编制智慧家庭预算成本方案	项目经理	成套设计工程师	
	第三天	向项目经理汇报进度	依照实际情况，全面详细有逻辑地向项目主管汇报项目进度			无

作业二： 对应表 1-7 相关内容，智慧家庭产品报价清单（答案）见表 1-14。

表 1-14 智慧家庭产品报价清单（答案）

项目名称：80 号智慧家庭

设计时间：2021 年 2 月 18 日

区域	序号	名称	品牌	型号	单位	数量	单价 / 元	合计 / 元	备注
客厅	1	家庭控制中心	Haier	HW 系列	个	1	5200	5200	安防系统报警后，声光报警器报警并闪光警示
	2	智能触控面板	Haier	HK 系列	个	2	7200	14400	灯光控制、窗帘控制及场景控制
	3	窗帘电机	Haier	HK 系列	个	2	2900	5800	窗帘控制
	4	窗帘电机配件	Haier		套	2	9800	19600	配套窗帘电机组装
	5	背景音乐	泊声	BA 系列	套	1	6400	6400	音乐播放
	6	智能门锁	Haier	HFH 系列	把	1	2800	2800	开门联动
	7	音频线	国优	BV	盘	1	260	260	用于背景音乐系统
主卧	1	智能触控面板	Haier	HK 系列	个	3	7200	21600	灯光控制、窗帘控制及场景控制
	2	窗帘电机	Haier	HK 系列	个	2	2900	5800	窗帘控制
	3	窗帘电机配件	Haier		套	2	9800	19600	配套窗帘电机组装

区域	序号	名称	品牌	型号	单位	数量	单价/元	合计/元	备注
儿童房1	1	智能触控面板	Haier	HK系列	个	3	7200	21600	用于灯光控制
	2	窗帘电机	Haier	HK系列	个	2	2900	5800	窗帘控制
	3	窗帘电机配件	Haier		套	2	9800	19600	配套窗帘电机组装
	4	紧急按钮	Haier	HS系列	个	1	250	250	用于紧急情况报警
	5	摄像头	Haier	HCC系列	个	1	358	358	用于视频监控
儿童房2	1	智能触控面板	Haier	HK系列	个	3	7200	21600	用于灯光控制
	2	窗帘电机	Haier	HK系列	个	2	2900	5800	窗帘控制
	3	窗帘电机配件	Haier		套	2	9800	19600	配套窗帘电机组装
	4	紧急按钮	Haier	HS系列	个	1	250	250	用于紧急情况报警
	5	摄像头	Haier	HCC系列	个	1	358	358	用于视频监控
客房1	1	智能触控面板	Haier	HK系列	个	2	7200	14400	用于灯光控制
	2	窗帘电机	Haier	HK系列	个	2	2900	5800	窗帘控制
	3	窗帘电机配件	Haier		套	2	9800	19600	配套窗帘电机组装
客房2	1	智能触控面板	Haier	HK系列	个	1	7200	7200	用于灯光控制
	2	窗帘电机	Haier	HK系列	个	2	2900	5800	窗帘控制
	3	窗帘电机配件	Haier		套	2	9800	19600	配套窗帘电机组装
厨房	1	中央控制模块	Haier	HR-03KJ	个	1	2000	2000	连接多种智能设备
	2	燃气报警器	居安瑞韩	GAS-EYE-102A	个	1	556	556	监控室内燃气状况
	3	关阀机械手	居安瑞韩	JA-A	个	1	538	538	检测燃气有无泄漏、及时关闭阀门
	4	通信控制器	韩国信友	GSV-102T	个	1	1389	1389	实现通信控制
其他	1	劳动力成本			天	8	500	4000	
	2	其他耗材			组	1	1540	1540	
	3	施工设备折旧费			组	1	700	700	
合计（不含税）								279799	
13%增值税								36373.87	
合计（含税）								316172.87	

作业三： 对应表 1–8 相关内容，智慧家庭预算成本方案（答案）见表 1–15。

表 1–15　智慧家庭预算成本方案（答案）

项目名称：80 号智慧家庭

设计时间：2021 年 2 月 18 日

区域	序号	名称	品牌	型号	单位	数量	报价合计/元	成本合计/元	备注
客厅	1	家庭控制中心	Haier	HW 系列	个	1	5200	4500	安防系统报警后，声光报警器报警并闪光警示
	2	智能触控面板	Haier	HK 系列	个	2	14400	13740	灯光控制、窗帘控制及场景控制
	3	窗帘电机	Haier	HK 系列	个	2	5800	5140	窗帘控制
	4	窗帘电机配件	Haier		套	2	19600	16400	配套窗帘电机组装
	5	背景音乐	泊声	BA 系列	套	1	6400	4200	音乐播放
	6	智能门锁	Haier	HFH 系列	把	1	2800	2150	开门联动
	7	音频线	国优	BV	盘	1	260	240	用于背景音乐系统
主卧	1	智能触控面板	Haier	HK 系列	个	3	21600	20610	灯光控制、窗帘控制及场景控制
	2	窗帘电机	Haier	HK 系列	个	2	5800	5140	窗帘控制
	3	窗帘电机配件	Haier		套	2	19600	16400	配套窗帘电机组装
儿童房1	1	智能触控面板	Haier	HK 系列	个	3	21600	20610	用于灯光控制
	2	窗帘电机	Haier	HK 系列	个	2	5800	5140	窗帘控制
	3	窗帘电机配件	Haier		套	2	19600	16400	配套窗帘电机组装
	4	紧急按钮	Haier	HS 系列	个	1	250	200	用于紧急情况报警
	5	摄像头	Haier	HCC 系列	个	1	358	285	用于视频监控
儿童房2	1	智能触控面板	Haier	HK 系列	个	3	21600	20610	用于灯光控制
	2	窗帘电机	Haier	HK 系列	个	2	5800	5140	窗帘控制
	3	窗帘电机配件	Haier		套	2	19600	16400	配套窗帘电机组装
	4	紧急按钮	Haier	HS 系列	个	1	250	200	用于紧急情况报警
	5	摄像头	Haier	HCC 系列	个	1	358	285	用于视频监控

续表

区域	序号	名称	品牌	型号	单位	数量	报价合计／元	成本合计／元	备注
客房1	1	智能触控面板	Haier	HK系列	个	2	14400	13740	用于灯光控制
	2	窗帘电机	Haier	HK系列	个	2	5800	5140	窗帘控制
	3	窗帘电机配件	Haier		套	2	19600	16400	配套窗帘电机组装
客房2	1	智能触控面板	Haier	HK系列	个	1	7200	6870	用于灯光控制
	2	窗帘电机	Haier	HK系列	个	2	5800	5140	窗帘控制
	3	窗帘电机配件	Haier		套	2	19600	16400	配套窗帘电机组装
厨房	1	中央控制模块	Haier	HR-03KJ	个	1	2000	1000	连接多种智能设备
	2	燃气报警器	居安瑞韩	GAS-EYE-102A	个	1	556	356	监控室内燃气状况
	3	关阀机械手	居安瑞韩	JA-A	个	1	538	388	检测燃气有无泄漏、及时关闭阀门
	4	通信控制器	韩国信友	GSV-102T	个	1	1389	982	实现通信控制
其他	1	劳动力成本			天	8	4000	4000	
	2	其他耗材			组	1	1540	300	
	3	施工设备折旧费			组	1	700	600	
	4	风险金						12255.3	项目风险为项目总成本的5%
合计（不含税）							279799	257361.3	
13%增值税							36373.87	33456.97	
合计（含税）							316172.87	290818.3	
利润							25354.57		

模块二

智慧家庭场景项目指导

项目中的各节点会因主客观因素的变化，让项目周期发生变动，这是项目进行中不可预测的情况。客户作为不可控制的变量之一，其意愿存在不确定性，不受时间、地点、空间的影响。项目经理需根据主客观因素的变化，对项目进行风险管控，确保项目如期完成。本模块为智慧家庭场景项目指导，以智慧家庭场景项目实施过程中客户因个人因素提前验收为例展开探讨，将真实工作情境中产生的工作任务变化呈现为 4 个主题式任务。

任务一 智慧家庭场景项目进度变更

"智慧家庭场景项目进度变更"处于项目生命周期的第三阶段，即执行项目工作。该阶段属于项目管理知识领域的项目进度管理，是项目管理过程中的监控过程。任务分析如图 1-4 所示。

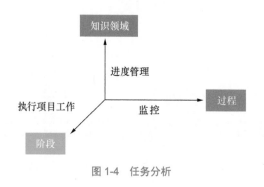

图 1-4 任务分析

1. 情境描述

假设今天为 2021 年 6 月 13 日，在施工过程中，客户李先生联系项目经理，表示希望在 6 月 22 日验收，原因是 6 月 23 日李先生在土耳其的贸易项目要开展了，想带上家人一起去土耳其度假。原定验收日期为 2021 年 6 月 25 日，现提前至 6 月 22 日。项目经理接到消息后，向领导汇报，并联系各部门负责人，决定在保障质量的前提下，协调安排各相关人员的工作，加快施工进度，在 6 月 22 日完成验收。项目经理需重新制订项目进度甘特图、编写项目变更管理计划等。

2. 任务目标

① 制订项目进度变更后的甘特图。

② 编写项目变更管理计划。

③ 制订项目变更后的智慧家庭预算成本方案。

④ 编制变更后的智慧家庭场景项目用人需求表。

⑤ 根据项目的实际情况，合理分配工作内容给相关责任人。

3. 知识链接

（1）项目进度管理

项目进度管理包括为管理项目而按时进行的各个过程，其具体过程包括以下 6 个方面。

① 规划进度管理：为规划、编制、管理、执行和控制项目进度而制订规范、程序和文档的过程。

② 定义活动：识别和记录为完成项目可交付成果而须采取的具体行动的过程。

③ 排列活动顺序：识别和记录项目活动之间关系的过程。

④ 估算活动持续时间：估算完成单项活动所需工作时段数的过程。

⑤ 制订进度计划：分析项目活动顺序、持续时间、资源需求和进度制约因素，创建进度模型，从而落实项目执行和监控的过程。

⑥ 控制进度：监督项目状态，以更新项目进度和管理进度基准变更的过程。

（2）甘特图

甘特图也称"横道图"，是展示进度信息的一种图表方式。在甘特图中，纵向列明活动，横向列明日期，用横条表示活动自开始至完成的持续时间。甘特图是项目计划中常用的一种方式，内容呈现清晰，容易阅读，便于相关责任人明确工作内容与责任归属。另外，甘特图有时还包括浮动时间，是否采用这一项，取决于项目的实际情况与甘特图的受众对象。

在一般项目的甘特图中，绿色填充格代表正常进行，黄色填充格代表预警，红色填充格代表推迟。

（3）项目管理计划更新

项目管理计划的任何变更都应以变更请求的形式提出，且通过组织的变更控制过程进行处理。在项目进行过程中，需要进行变更请求的项目管理计划的组成部分包括（但不限于）进度基准。在整个项目期间，工作包逐渐细化为进度任务。在这个过程中由于实际工作中会出现一些突发情况，例如，客户要求提前验收、绩效问题、安全问题等，需要修改进度计划的一部分信息，例如，交付日期或其他重要的进度节点。

需要注意的是，在针对进度活动的变更获得批准后，成本基准需要做出相应的变更。

本任务中，项目验收提前，项目进度发生变化，为满足项目提前验收的需要，需增加 1 名成套技术服务工程师。项目经理需提出项目变更请求，得到领导批准后修改项目进度甘特图、重新制订智慧家庭预算成本方案及用人需求表。

4. 任务分组

教师将班级学生分成若干组，每组 3 人，轮值安排担任项目主管、项目经理、成套设计工程师，确保每个人在不同的岗位上扮演不同的角色，深入了解各岗位的任务和需求，便于在真实工作环境中，明确岗位职责，提高工作效率。

各小组分配角色后，在规定的课时内，完成相应的任务。学生任务分配见表 1–16。

表 1–16　学生任务分配

班级			组号	
项目经理			项目主管	
成员	学号	姓名	角色	任务分工
			项目主管	不参与任务操作，负责过程监督、质量评价
			项目经理	依据现场状况，合理分配工作，提出项目变更请求，制订项目进度甘特图
			成套设计工程师	协助项目经理完成甘特图、制订预算成本方案，配合施工人员完成工作
备注				

5. 制订工作计划

工作计划见表 1–17。

表 1–17　工作计划

阶段	时间	动作	要点	责任人	协助	物料
执行阶段	安装调试前	制订项目进度甘特图，编写项目变更请求，重新制订预算成本方案	剖析现场实际情况，合理有据地完成项目状态报告、项目进度甘特图的编写，完成预算成本方案的重新制订	项目经理	成套设计工程师	计算机、Excel 软件
	安装调试中	作为机动人员，配合现场工作人员开展工作	根据项目进行中的实际情况，协助成套技术服务工程师开展工作，为项目结果负责			

作业一：根据表 1–17 中呈现的安装调试前、调试中相关内容，完成安装调试后内容的填写。

6. 工作实施

（1）制订项目进度变更后的甘特图

评估现场实际情况，重新制订项目进度甘特图，在规定时间内，保质保量地完成各系统设备的安装与调试。项目进度变更后的甘特图见表 1-18。

表 1-18 项目进度变更后的甘特图

名称	事项	时间（2021 年）							责任人
80 号智慧家庭场景项目安装									

作业二：根据项目需要，参照原智慧家庭场景项目进度甘特图（详见本任务的"9. 附件"），制订项目进度变更后的甘特图。

（2）编制项目变更管理计划

智慧家庭场景项目变更管理计划见表 1-19。

表 1-19 智慧家庭场景项目变更管理计划

项目名称		日期	
变更的定义			
进度变更			
预算变更			
项目文档变更			
变更控制委员会			
姓名	角色	责任	授权

续表

变更控制过程	
变更需求提交	
变更需求跟踪	
变更需求审核	
对变更需求的处理	

作业三： 根据现场施工实际情况，将表1–19中的内容补充完整。

（3）制订项目变更后的预算成本方案

根据工程进度需要，增加1名成套技术服务工程师，单价为500元/天，工作3天，合计金额为1500元。由于项目验收时间提前，成套技术服务工程师需要工作5天，合计金额为2500元。劳动力成本合计为4000元，与原来持平。经领导批准后，2021年6月18日成套技术服务工程师进场。

作业四： 复制原来的预算成本方案，并在其中添加以上分析作为备注，便于之后结项汇报。

（4）制订变更后的项目用人需求表

变更后的智慧家庭场景项目用人需求见表1–20。

表1–20 变更后的智慧家庭场景项目用人需求

项目名称：		
制订时间：		
岗位	职责	数量

作业五： 根据项目实际需求，参照"模块一 智慧家庭场景项目方案设计"中，智慧家庭场景项目用人需求表（见表1–9），完成表1–20中内容的填写。

7. 评价反馈

智慧家庭场景项目进度调整检查见表1–21。

表1-21　智慧家庭场景项目进度调整检查

姓名：		组别：	担任岗位：		总分：	
项目名称：80号智慧家庭					日期：	
序号	内容	检查要点			评分标准	扣分
1	甘特图	依据实际情况，重新制订项目进度甘特图			2分	
2	项目变更管理计划	项目变更管理计划的完成度；内容编写的正确程度			2分	
3	项目变更后的预算成本方案	预算成本方案制订的完成度；内容是否正确			2分	
4	项目变更后的用人需求表	用人需求表的内容是否根据实际项目需求填写，填写是否正确			2分	
5	作业要求	作业要求是否完成；作业完成的正确性			2分	
点评：						
是否合格：□是　　　□否						
评价者：项目主管　　　　　教师						
说明：① 未完成，扣除当前所有分数；② 已完成但出现错误，根据实际情况，酌情扣分；③ 累计扣除的分数超过总分数的一半，视为不合格						

8. 个人反思与总结

9. 附件

原智慧家庭场景项目进度甘特图示例见表1-22。

表1-22　原智慧家庭场景项目进度甘特图示例

名称	事项	时间（2021年）										责任人
		6月16日	6月17日	6月18日	6月19日	6月20日	6月21日	6月22日	6月23日	6月24日	6月25日	
80号智慧家庭场景项目进度	线路验收											项目经理
	产品到场											
	安防系统											成套技术服务工程师
	窗帘系统											

续表

名称	事项	时间（2021年）										责任人
		6月16日	6月17日	6月18日	6月19日	6月20日	6月21日	6月22日	6月23日	6月24日	6月25日	
80号智慧家庭场景项目进度	灯光控制系统							■	■			成套技术服务工程师
	调整检查									■		
	验收										■	项目经理

任务二　智慧家庭场景项目线路验收

"智慧家庭场景项目线路验收"处于项目生命周期的第三阶段，即执行项目工作。该阶段属于项目管理知识领域的项目整合管理，是项目管理过程的监控过程。任务分析如图1-5所示。

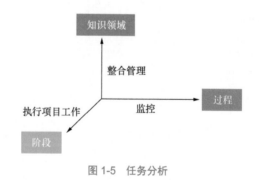

图1-5　任务分析

1. 情境描述

假设今天为2021年6月16日，两日前装修公司通知工程线路敷设完成，请项目经理和成套技术服务工程师今天到现场对线路敷设进行验收。在检查过程中，成套技术服务工程师查出灯光控制系统的线路存在故障，其他系统下的线路敷设正常。项目经理要求装修公司整改，装修公司在下午整改后，项目经理完成项目线路验收。

2. 任务目标

① 检查施工现场线路敷设的通畅度。

② 填写80号智慧家庭场景项目线路验收单。

③ 与装修公司确定设备进场时间。

3. 知识链接

线路验收是智慧家庭场景项目管理中的关键环节。线路验收会影响后续设备进场安装。线路验收单是设备进场的依据，也是项目验收时的凭证。成套技术服务工程师在填写线路验收单时，要清晰地描述线路验收的实际内容，为后续项目的开展提供参考。

4. 任务分组

教师将班级学生分成若干组，每组 3 人，轮值安排担任项目主管、项目经理、成套技术服务工程师，确保每个人在不同的岗位上扮演不同的角色，深入了解各岗位的任务和需求，便于在真实工作环境中，明确岗位职责，提高工作效率。

各小组分配角色后，在规定的课时内，完成相应的任务。学生任务分配见表 1-23。

表 1-23　学生任务分配

班级			组号	
项目经理			项目主管	
成员	学号	姓名	角色	任务分工
			项目主管	不参与任务操作，负责过程监督、质量评价
			项目经理	检查施工现场线路敷设的通畅度；填写智慧家庭场景项目线路验收单
			成套技术服务工程师	协助项目经理完成线路敷设的检查及线路验收单的填写
备注				

5. 制订工作计划

工作计划见表 1-24。

表 1-24　工作计划

阶段	时间	动作	要点	责任人	协助	物料
结束阶段	检查前	与装修公司对接、确认现场施工的具体情况	核对现场施工的实际进度，对工程进度有整体的把控	项目经理	成套技术服务工程师	无
	检查中	检查各系统线路敷设的通畅度	注重细节，认真检查各个系统，为后续顺利安装设备打基础			米尺、万用表、笔记本、笔

作业一：根据表1-24中呈现的检查前、检查中的工作内容，完成检查后工作内容的填写。

6. 工作实施

制订智慧家庭场景项目线路验收单。需要注意的是，项目经理要全面检查各系统线路敷设的通畅度，评估现场施工进度，为下一步设备进场规划时间，确保后续设备安装时间与进度正常。智慧家庭场景项目线路验收单见表1-25。

表1-25　智慧家庭场景项目线路验收单

项目名称		
项目地址		
技术员名称		
验收时间		
备注		
线路验收的详细内容：		
验收检查	□合格	□不合格
验收人签字	项目负责人：	甲方负责人：

作业二：根据情境描述中项目的实际情况，将表1-25中的内容补充完整。

7. 评价反馈

智慧家庭场景项目线路验收单检查见表1-26。

表1-26　智慧家庭场景项目线路验收单检查

姓名：		组别：	担任岗位：	总分：	
项目名称：80号智慧家庭				日期：	
序号	内容	检查要点		评分标准	扣分
1	线路验收单	线路验收单内容填写是否完整；语言描述是否流畅；是否详实描述出现的状况		3分	
2	沟通对接现场进度	是否详细地与装修公司沟通现场情况；是否核实项目进度；是否确定设备进场时间		3分	
3	作业要求	作业要求是否完成；作业完成的正确性		2分	

续表

点评：		

是否合格：□是　　　□否

评价者：项目主管　　　　　　教师

说明：① 未完成，扣除当前所有分数；② 已完成但出现错误，根据实际情况，酌情扣分；③ 累计扣除的分数超过总分数的一半，视为不合格

8. 个人反思与总结

任务三　智慧家庭场景项目产品到场

"智慧家庭场景项目产品到场"处于项目生命周期的第三阶段，即执行项目工作。该阶段属于项目管理知识领域的项目资源管理，是项目管理过程的监控过程。任务分析如图 1-6 所示。

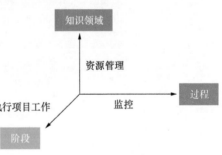

图 1-6　任务分析

1. 情境描述

项目经理与成套技术服务工程师完成线路验收后，与装修公司确认产品进场时间为 2021 年 6 月 17 日。假设今日为 2021 年 6 月 17 日，项目安装所需的产品全部到场，项目经理与成套技术服务工程师到现场确认到场产品。项目经理确认到场产品无误，新增的 1 位成套技术服务工程师于 6 月 18 日到位，项目进入产品安装环节。

2. 任务目标

确认到场产品的数量、质量、型号。

撰写产品到场确认单。

3. 知识链接

项目经理和成套技术服务工程师确认产品到场，详细检查到场产品的数量、质量、型

号，确认无误后，完成产品到场确认单的填写。如果到场产品出现型号错误、数量缺失或产品损坏，则需要在产品到场确认单中清晰备注，根据出现的问题，落实责任归属，并当场解决，避免出现因产品质量问题而影响项目进度。

4. 任务分组

教师将班级学生分成若干组，每组 3 人，轮值安排担任项目主管、成套技术服务工程师、项目经理，确保每个人在不同的岗位上扮演不同的角色，深入了解各岗位的任务和需求，便于在真实工作环境中，明确岗位职责，提高工作效率。

各小组分配角色后，在规定的课时内，完成相应的任务。学生任务分配见表 1-27。

表 1-27 学生任务分配

班级			组号	
项目经理			项目主管	
成员	学号	姓名	角色	任务分工
			项目主管	不参与任务操作，负责过程监督、质量评价
			成套技术服务工程师	检查到场产品的数量、质量、型号；参照变更后的项目进度甘特图，完成产品的安装
			项目经理	协助成套技术服务工程师完成产品到场的核对和检查
备注				

5. 制订工作计划

工作计划见表 1-28。

表 1-28 工作计划

阶段	时间	动作	要点	责任人	协助	物料
执行阶段	产品到场前	撰写产品到场确认单，与成套技术服务工程师确认到场安装时间	确保成套技术服务工程师到场的具体时间，确保项目进度	项目经理	成套技术服务工程师	计算机
	产品到场	检查到场产品的型号、数量是否正确，产品是否完好	仔细检查到场产品的型号、质量、数量，如果出现损坏，则及时调换，确保到场产品完好	成套技术服务工程师	项目经理	产品报价清单

作业一：根据表 1-28 中呈现的产品到场前、产品到场的相关内容，完成产品到场后

工作内容的填写。

6. 工作实施

填写产品到场确认单。智慧家庭场景项目产品到场确认单样例见表1-29。

表1-29 智慧家庭场景项目产品到场确认单样例

项目名称：80号智慧家庭						
项目地址：北京市××区××庄园××栋××号						
到场产品明细						
区域	产品名称	品牌	型号	单位	数量	备注
客厅	家庭控制中心	Haier	HW系列	个	1	
	智能触控面板	Haier	HK系列	个	2	
	窗帘电机	Haier	HK系列	个	2	
	窗帘电机配件	Haier		套	2	
	背景音乐	泊声	BA系列	套	1	
	音频线	国优	BV	盘	1	
主卧	智能触控面板	Haier	HK系列	个	3	
	窗帘电机	Haier	HK系列	个	2	
	窗帘电机配件	Haier		套	2	
双方签字	项目负责人：			甲方负责人：		

作业二：参照"模块一 智慧家庭场景项目方案设计"中的"任务二 智慧家庭场景项目清单制订"80号智慧家庭产品报价清单中的产品数量，将表1-29中内容补充完整。

7. 评价反馈

智慧家庭场景项目产品到场检查见表1-30。

表1-30 智慧家庭场景项目产品到场检查

姓名：		组别：	担任岗位：		总分：
项目名称：80号智慧家庭				日期：	
序号	内容	检查要点		评分标准	扣分
1	产品到场确认单	产品到场确认单是否填写完成；是否依据现实情况正确填写		2分	
2	作业要求	作业要求是否完成；作业完成的正确性		2分	

续表

点评：		
是否合格：□是　　　□否		
评价者：项目主管	教师	
说明：① 未完成，扣除当前所有分数；② 已完成，但出现错误，根据实际情况，酌情扣分；③ 累计扣除的分数超过总分数的一半，视为不合格		

8. 个人反思与总结

任务四　智慧家庭场景项目安全管理

"智慧家庭场景项目安全管理"处于项目生命周期的第三阶段，即执行项目工作。该阶段属于项目管理知识领域的项目质量管理，是项目管理过程的监控过程。任务分析如图 1-7 所示。

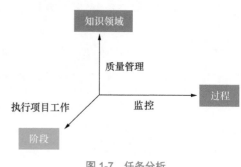

图 1-7　任务分析

1. 情境描述

假设今天是 2021 年 6 月 18 日，工作内容为项目安全管理，同时客户购买的其他品牌的空调今天也进场安装。在设备安装完要送电时，成套技术服务工程师发现摄像头没有正常工作，指示灯无闪烁，其他已经安装的设备也没有正常工作。成套技术服务工程师与项目经理、现场工作人员开始进行排查。

2. 任务目标

① 熟知安全管理的内容，并严格按照标准进行现场用电。

② 根据现场出现的问题，查找源头，解决问题，并完成整改措施。

③ 依据现场情况，填写智慧家庭场景项目施工安全日志。

3. 知识链接

（1）临时用电检查要点

① 开关柜或配电箱附近不得堆放杂物。

② 导线进出开关柜或配电箱的线段应加强绝缘并采取固定措施。

③ 配电箱采用"一机、一闸、一漏"制，防潮防水，配有防水插头和插座，箱门上锁。

④ 配电箱有支架，固定牢固且有可靠接地。

⑤ 配电箱贴有标示牌，注明单位、责任人、用途。

⑥ 配电箱的线路无破损，无裸露接头，不将导线放置在潮湿处或积水中。

⑦ 严禁带电作业，检修必须采取停电、验电、悬挂警示牌、检查接地等技术措施和组织措施，停电作业必须设专人监护。

⑧ 当移动用电设备工作停顿、转移或完工时，必须断开电源。

（2）临时用电要求

① 现场带电设备上必须张贴安全用电警示标牌。

② 将配电箱编号、上锁，张贴设备标示牌、维护责任人信息牌、警示标牌。

③ 临时用电采用 TN-S 接零保护系统[1]，符合"三级配电、两级保护"，达到"一机、一闸、一漏、一箱"的要求。

（3）现场常见问题

项目现场常见问题如图 1-8 所示。

1	未执行"一机、一闸、一漏"制
2	埋地电缆敷设不符合要求
3	电缆绝缘破损、裸露或电缆泡水
4	配电箱管理不符合要求（未上锁、无责任人信息牌、无接线图、无警示标牌）
5	配电箱安装不符合要求（无防水措施、安装不稳固）
6	配电箱本身不符合要求（外观破损、无防水插头）
7	用电设施/设备无漏电保护装置或外壳未保护接零
8	特殊场所未使用安全电压

图 1-8　项目现场常见问题

（4）安全日志的内容

安全日志的内容主要由基本内容、施工内容、主要记事 3 个部分组成。

① 基本内容包括日期、星期、天气。

② 施工内容包括施工部位、工作班组、工作人数及工作进度情况。

③ 主要记事包括巡检情况（发现安全事故隐患、违章指挥、违章操作等），设施用品进场记录（数量、产地、标号、

---

1. TN-S 接零保护系统俗称三相五线制系统，具有专用保护零线的中性点直接接地的系统。

牌号、合格证份数等），设施验收情况，设备设施、施工用电、"三宝"[1]防护情况，违章操作、事故隐患（或未遂事故）发生的原因、处理意见和处理方法及结果，其他特殊情况。

（5）填写安全日志的注意事项

① 描述事情的关键节点。填写安全日志时，应准确描述时间、地点、人物、事情、要求、事情完成的程度，使工作事项具备可追溯性。

② 记述要详简得当。记录事物的核心要点，避免出现流水账。

③ 日清。当天发生的事情应在当天的安全日志中记录，不得后补。

④ 连续性。安全日志记录要逐日记载，不允许中断，如果工程施工需要间断，应在安全日志中加以说明，可在停工最后一天或复工第一天的安全日志中进行记录。

⑤ 特殊事项记录。如果在施工过程中发生停水、停电，那么需要记录是否造成经济损失、造成此种情况的原因，为以后可能发生的工期纠纷及变更理赔留下证据。

4. 任务分组

教师将班级学生分成若干组，每组 3 人，轮值安排担任项目主管、项目经理、成套技术服务工程师，确保每个人在不同的岗位上扮演不同的角色，深入了解各岗位的任务和需求，便于在真实工作环境中，明确岗位职责，提高工作效率。

各小组分配角色后，在规定的课时内，完成相应的任务。学生任务分配见表 1-31。

表 1-31 学生任务分配

班级			组号	
项目经理			项目主管	
成员	学号	姓名	角色	任务分工
			项目主管	不参与任务操作，负责过程监督、质量评价
			项目经理	指导现场设备的安装，协助解决安装中出现的问题
			成套技术服务工程师	设备安装，解决安装中存在的问题
备注				

5. 制订工作计划

工作计划见表 1-32。

---

1. "三宝"是指安全帽、安全带、安全网。

表 1-32 工作计划

阶段	时间	动作	要点	责任人	协助	物料
执行阶段	检查前	关闭电源开关	关闭所有电源开关，确保现场无电流通过	成套技术服务工程师	项目经理	绝缘手套
	检查中	排查现场线路、各设备接线	对现场线路、设备、工具线路进行仔细检查			

作业一：根据表 1-32 中呈现的检查前、检查中的工作内容，完成检查后工作内容的填写。

6. 工作实施

① 检查线路、设备、施工工具。

② 经过逐一排查，发现工人在安装空调的过程中，使用的电动冲击钻的电源线线皮破损，造成接地短路。

③ 与安装空调的工人沟通说明此情况，协助安装空调的工人一起解决。

④ 在电路未接通的前提下，更换新电源线，在新电源线的线皮上缠绕绝缘胶带或者热缩套，在使用用电设备前，进行 1 分钟测试。

⑤ 与安装空调的工人配合，将其他电源线线皮用绝缘胶带或者热缩套缠绕，做好电源线的防护，减少漏电、短路问题的发生。

智慧家庭场景项目施工安全日志见表 1-33。

表 1-33 智慧家庭场景项目施工安全日志

编号：80

项目名称：80 号智慧家庭

施工负责人：_____ 日期：_____ 星期 _____ 天气：_____

施工内容
1. 施工部位：_____
2. 工作班组及人数：_____
3. 工作进度：_____

主要记事
1.
2.
3. 处理方法：_____
_____
_____
4. 其他情况：_____

作业二：根据情境描述与工作实施的相关内容，将表 1-33 中的内容补充完整。

7. 评价反馈

智慧家庭场景项目安全管理检查见表 1-34。

表 1-34　智慧家庭场景项目安全管理检查

姓名：		组别：	担任岗位：	总分：	
项目名称：80号智慧家庭				日期：	
序号	内容	检查要点		评分标准	扣分
1	安全日志填写	安全日志填写是否完整，是否正确；内容填写是否落实安全日志注意事项中的各项要求		3分	
2	作业要求	作业要求是否完成；作业完成的正确性		2分	
3	用电知识内容	对用电要点、要求的掌握程度		2分	
		对现场常见问题的掌握程度		2分	
点评：					
是否合格：□是　　　□否					
评价者：项目主管　　　　　　教师					
说明：①未完成，扣除当前所有分数；②已完成但出现错误，根据实际情况，酌情扣分；③累计扣除的分数超过总分数的一半，视为不合格					

8. 个人反思与总结

答案详解

任务一　智慧家庭场景项目进度变更（答案）

作业一： 对应表 1-17 相关内容，工作计划（答案）见表 1-35。

表 1-35 工作计划（答案）

阶段	时间	动作	要点	责任人	协助	物料
执行阶段	安装调试前	制订项目进度甘特图，编写项目变更请求，重新制订预算成本方案	剖析现场实际情况，合理有据地完成项目状态报告、项目进度甘特图的编写，完成预算成本方案的重新制订	项目经理	成套设计工程师	计算机、Excel软件
	安装调试中	作为机动人员，配合现场工作人员开展工作	根据项目进行中的实际情况，协助成套技术服务工程师开展工作，为项目结果负责			
	安装调试后	整理、保存好变更前后的资料	变更前、变更后的资料是项目验收时有力的过程留存			计算机、Word、Excel软件

作业二：对应表 1-18 相关内容，项目进度变更后的甘特图（答案）见表 1-36。

表 1-36 项目进度变更后的甘特图（答案）

名称	事项	时间（2021 年）							责任人
		6月16日	6月17日	6月18日	6月19日	6月20日	6月21日	6月22日	
80号智慧家庭场景项目安装	线路验收	■							项目经理
	产品到场		■						项目经理
	安防系统			■					2号成套技术服务工程师
	窗帘系统				■				1号成套技术服务工程师
	灯光控制系统					■			1号成套技术服务工程师
	调整检查						■		1号和2号成套技术服务工程师
	验收							■	项目经理

作业三：对应表 1-19 相关内容，智慧家庭场景项目变更管理计划（答案）见表 1-37。

表 1-37 智慧家庭场景项目变更管理计划（答案）

项目名称	80 号智慧家庭	日期	2021 年 6 月 13 日
变更的定义			
进度变更	由于客户需要提前到土耳其工作，所以项目提前 3 天验收		
预算变更	由于提前验收，需要增加 1 名成套技术服务工程师在现场进行设备安装与调试		
项目文档变更	项目预算成本方案、项目用人需求表		
变更控制委员会			
姓名	角色	责任	授权
李 XX	总经理	对公司整体业绩负责	同意
王 XX	部门经理	对部门各项目负责	同意

续表

变更控制过程	
变更需求提交	已提交
变更需求跟踪	已跟踪完成
变更需求审核	审核通过
对变更需求的处理	已处理完成

作业四：项目变更后的预算成本方案（答案）见表1-38。

表1-38　项目变更后的预算成本方案（答案）

项目名称：80号智慧家庭

设计时间：2021年6月13日

说明：根据工程进度需要，增加1名成套技术服务工程师，单价500元/天，工作3天，合计金额为1500元。由于项目验收时间提前，成套技术服务工程师需要工作5天，合计金额为2500元。劳动力成本合计为4000元，与原来持平。经领导批准后，2021年6月18日成套技术服务工程师进场

区域	序号	名称	品牌	型号	单位	数量	报价合计/元	成本合计/元	备注
客厅	1	家庭控制中心	Haier	HW系列	个	1	5200	4500	安防系统报警后，声光报警器报警并闪光警示
	2	智能触控面板	Haier	HK系列	个	2	14400	13740	灯光控制、窗帘控制及场景控制
	3	窗帘电机	Haier	HK系列	个	2	5800	5140	窗帘控制
	4	窗帘电机配件	Haier		套	2	19600	16400	配套窗帘电机组装
	5	背景音乐	泊声	BA系列	套	1	6400	4200	音乐播放
	6	智能门锁	Haier	HFH系列	把	1	2800	2150	开门联动
	7	音频线	国优	BV	盘	1	260	240	用于背景音乐系统
主卧	1	智能触控面板	Haier	HK系列	个	3	21600	20610	灯光控制、窗帘控制及场景控制
	2	窗帘电机	Haier	HK系列	个	2	5800	5140	窗帘控制
	3	窗帘电机配件	Haier		套	2	19600	16400	配套窗帘电机组装
儿童房1	1	智能触控面板	Haier	HK系列	个	3	21600	20610	用于灯光控制

续表

区域	序号	名称	品牌	型号	单位	数量	报价合计/元	成本合计/元	备注
儿童房1	2	窗帘电机	Haier	HK 系列	个	2	5800	5140	窗帘控制
	3	窗帘电机配件	Haier		套	2	19600	16400	配套窗帘电机组装
	4	紧急按钮	Haier	HS 系列	个	1	250	200	用于紧急情况报警
	5	摄像头	Haier	HCC 系列	个	1	358	285	用于视频监控
儿童房2	1	智能触控面板	Haier	HK 系列	个	3	21600	20610	用于灯光控制
	2	窗帘电机	Haier	HK 系列	个	2	5800	5140	窗帘控制
	3	窗帘电机配件	Haier		套	2	19600	16400	配套窗帘电机组装
	4	紧急按钮	Haier	HS 系列	个	1	250	200	用于紧急情况报警
	5	摄像头	Haier	HCC 系列	个	1	358	285	用于视频监控
客房1	1	智能触控面板	Haier	HK 系列	个	2	14400	13740	用于灯光控制
	2	窗帘电机	Haier	HK 系列	个	2	5800	5140	窗帘控制
	3	窗帘电机配件	Haier		套	2	19600	16400	配套窗帘电机组装
客房2	1	智能触控面板	Haier	HK 系列	个	1	7200	6870	用于灯光控制
	2	窗帘电机	Haier	HK 系列	个	2	5800	5140	窗帘控制
	3	窗帘电机配件	Haier		套	2	19600	16400	配套窗帘电机组装
厨房	1	中央控制模块	Haier	HR-03KJ	个	1	2000	1000	连接多种智能设备
	2	燃气报警器	居安瑞韩	GAS-EYE-102A	个	1	556	356	监控室内燃气状况
	3	关阀机械手	居安瑞韩	JA-A	个	1	538	388	检测燃气有无泄漏及时关闭阀门
	4	通信控制器	韩国信友	GSV-102T	个	1	1389	982	实现通信控制

续表

区域	序号	名称	品牌	型号	单位	数量	报价合计/元	成本合计/元	备注
其他	1	劳动力成本			天	8	4000	4000	
	2	其他耗材			组	1	1540	300	
	3	施工设备折旧费			组	1	700	600	
	4	风险金						12255.3	项目风险为项目总成本的5%
合计（不含税）							279799	257361.3	
增值税税率13%							36373.87	33456.97	
合计（含税）							316172.87	290818.3	
利润							25354.57		

作业五：对应表1-20相关内容，项目变更后的智慧家庭项目用人需求（答案）见表1-39。

表1-39　项目变更后的智慧家庭项目用人需求（答案）

项目名称：80号智慧家庭

制订时间：2021年6月13日

岗位	职责	数量
项目经理	把控项目进度，检查项目质量、完成度	1名
成套设计工程师	根据客户要求，设计、修改图纸	1名
成套技术服务工程师	安装调试智慧家庭产品，指导客户使用各类产品	2名

任务二　智慧家庭场景项目线路验收（答案）

作业一：对应表1-24相关内容，工作计划（答案）见表1-40。

表1-40　工作计划（答案）

阶段	时间	动作	要点	责任人	协助	物料
结束阶段	检查前	与装修公司对接，确认现场施工的具体情况	核对现场施工的实际进度，对工程进度有整体的把控	项目经理	成套技术服务工程师	无
	检查中	检查各系统线路敷设的通畅度	注重细节，认真检查各系统，为后续顺利安装设备打基础			米尺、万用表、笔记本、笔
	检查后	填写智慧家庭场景项目线路验收单	详实填写智慧家庭场景项目线路验收单			笔

作业二：对应表 1-25 相关内容，智慧家庭场景项目线路验收单（答案）见表 1-41。

表 1-41 智慧家庭场景项目线路验收单（答案）

项目名称	80 号智慧家庭	
项目地址	北京市 ×× 区 ×× 庄园 ×× 栋 ×× 号	
技术员名称	李 ××	
验收时间	2021 年 6 月 16 日	
备注	儿童卧室的灯光控制系统的线路存在故障	

线路验收的详细内容：在检查过程中，儿童卧室的灯光控制系统的线路存在故障，其他区域无异常出现。施工人员针对出现的问题进行整改后，当日下午项目经理对线路验收通过，并在验收单上签字，将设备进场时间确定在 2021 年 6 月 17 日

验收检查	☑ 合格	□ 不合格
验收人签字	项目负责人：	甲方负责人：

任务三 智慧家庭场景项目产品到场（答案）

作业一：对应表 1-28 相关内容，工作计划（答案）见表 1-42。

表 1-42 工作计划（答案）

阶段	时间	动作	要点	责任人	协助	物料
执行阶段	产品到场前	撰写产品到场确认单，与成套技术服务工程师确认到场安装时间	确保成套技术服务工程师到场的具体时间，确保项目进度	项目经理	成套技术服务工程师	计算机
	产品到场	检查到场产品的型号、数量是否正确，产品是否完好	仔细检查到场产品的型号、质量、数量，如果出现损坏，则及时调换，确保到场产品完好	成套技术服务工程师	项目经理	产品报价清单
	产品到场后	根据变更后的项目进度甘特图，安排成套技术服务工程师进行安装	详细分工、监控过程、风险控制、保障进度和质量	项目经理	成套技术服务工程师	无

作业二：对应表 1-29 相关内容，智慧家庭场景项目产品到场确认单（答案）见表 1-43。

表 1–43 智慧家庭项目产品到场确认单（答案）

项目名称：80 号智慧家庭

项目地址：北京市 ×× 区 ×× 庄园 ×× 栋 ×× 号

区域	序号	名称	品牌	型号	单位	数量	备注
客厅	1	家庭控制中心	Haier	HW 系列	个	1	
	2	智能触控面板	Haier	HK 系列	个	2	
	3	窗帘电机	Haier	HK 系列	个	2	
	4	窗帘电机配件	Haier		套	2	
	5	背景音乐	泊声	BA 系列	套	1	
	6	智能门锁	Haier	HFH 系列	把	1	
	7	音频线	国优	BV	盘	1	
主卧	1	智能触控面板	Haier	HK 系列	个	3	
	2	窗帘电机	Haier	HK 系列	个	2	
	3	窗帘电机配件	Haier		套	2	
儿童房1	1	智能触控面板	Haier	HK 系列	个	3	
	2	窗帘电机	Haier	HK 系列	个	2	
	3	窗帘电机配件	Haier		套	2	
	4	紧急按钮	Haier	HS 系列	个	1	
	5	摄像头	Haier	HCC 系列	个	1	
儿童房2	1	智能触控面板	Haier	HK 系列	个	3	
	2	窗帘电机	Haier	HK 系列	个	2	
	3	窗帘电机配件	Haier		套	2	
	4	紧急按钮	Haier	HS 系列	个	1	
	5	摄像头	Haier	HCC 系列	个	1	
客房1	1	智能触控面板	Haier	HK 系列	个	2	
	2	窗帘电机	Haier	HK 系列	个	2	
	3	窗帘电机配件	Haier		套	2	
客房2	1	智能触控面板	Haier	HK 系列	个	1	
	2	窗帘电机	Haier	HK 系列	个	2	
	3	窗帘电机配件	Haier		套	2	
厨房	1	中央控制模块	Haier	HR-03KJ	个	1	
	2	燃气报警器	居安瑞韩	GAS-EYE-102A	个	1	
	3	关阀机械手	居安瑞韩	JA-A	个	1	
	4	通信控制器	韩国信友	GSV-102T	个	1	

续表

区域	序号	名称	品牌	型号	单位	数量	备注
其他	1	劳动力成本			人	2	
	2	其他耗材			组	1	
双方签字	项目负责人：			甲方负责人：			

任务四　智慧家庭场景项目安全管理（答案）

作业一： 对应表 1-32 相关内容，工作计划（答案）见表 1-44。

表 1-44　工作计划（答案）

阶段	时间	动作	要点	责任人	协助	物料
执行阶段	检查前	关闭电源开关	关闭所有电源开关，确保现场无电流通过	成套技术服务工程师	项目经理	绝缘手套
	检查中	排查现场线路、各设备接线	对现场线路、设备、工具线路进行仔细检查			
	检查后	解决排查中出现的问题	细心解决存在的问题，并对相关部分进行全面检查和保护			

作业二： 对应表 1-33 相关内容，智慧家庭场景项目施工安全日志（答案）见表 1-45。

表 1-45　智慧家庭场景项目施工安全日志（答案）

编号：80

项目名称：80 号智慧家庭

施工负责人：　苗××　日期：　2021 年 6 月 18 日　星期　四　天气：　晴

施工内容
1. 施工部位：　安防系统
2. 工作班组及人数：　"生态 100" 2 人
3. 工作进度：　安防系统完成安装

主要记事
1. 今日施工部位为安防系统，摄像头安装后，指示灯没亮，设备未正常工作。
2. 经过排查，发现工人在安装空调的过程中，使用的电动冲击钻的电源线线皮破损，造成接地短路。
3. 处理方法：　①检查问题，进行线路、设备、施工工具的检查，经过逐一排查，发现工人在安装空调的过程中，使用的电动冲击钻的电源线线皮破损，造成接地短路。

②协调沟通，与安装空调的工人沟通说明此情况，协助安装空调的工人一起解决。

③解决问题，在电路未接通的前提下，更换新电源线，在新电源线的线皮上缠绕绝缘胶带或者热缩套，在用电设备使用前，进行 1 分钟测试。

④安全防护，与安装空调的工人配合，将其他电源线线皮用绝缘胶带或者热缩套缠绕，做好电源线的防护，减少漏电、短路问题的发生。

4. 其他情况：无

模块三

智慧家庭场景项目巡检

每个客户需求不同，使每个项目都会存在一些特殊的问题，因此，项目经理必须具备管控全局的能力。对于特殊的问题，项目经理应根据现场情况进行风险管控并及时解决问题，为下一步工作的开展打下基础。本模块以智慧家庭场景项目巡检中出现的产品安装错误为例展开探讨，并将此问题产生的工作任务转换为 2 个主题式任务进行具体介绍。

任务一　智慧家庭场景项目产品安装质量

"智慧家庭场景项目产品安装质量"处于项目生命周期的第三阶段，即执行项目工作。该阶段属于项目管理知识领域的项目质量管理，是项目管理过程的监控过程。任务分析参考图 1-7。

1. 情境描述

为确保项目进度及质量，现场成套技术服务工程师需要撰写施工巡检日志。假设今天是 2021 年 6 月 19 日，是项目经理定期现场检查日，施工的主要任务是灯光控制系统控制面板的安装。项目经理对现场各项工作的进展情况及完成质量进行检查，检查过程中发现设备安装位置错误——客厅灯光控制系统控制面板安装在主卧，项目经理在现场对负责的成套技术服务工程师进行了批评，并要求立即整改。

2. 任务目标

① 检查现场各系统布线、底盒预埋位置的准确性。

② 检查各设备安装点位的正确性、各设备安装的质量。

③ 检查智慧家庭场景设备联动效果及运行的稳定性。

④ 根据现场检查情况，现场成套技术服务工程师修改存在的问题，撰写智慧家庭场景项目施工巡检日志。

3. 知识链接

（1）管理质量

管理质量是把质量管理制度用于项目，并将质量管理计划转化为可执行的质量活动的过程。管理质量的主要作用是提高实现质量目标的可能性，以及分析无效过程和导致质量低下的原因。管理质量在整个项目期间开展。

（2）控制质量

控制质量是为了评估绩效，确保项目输出完整、正确并满足客户期望，而监督和记录质量管理活动执行结果的过程。控制质量的主要作用是核实项目可交付成果和工作已经达到主要相关方的质量要求，可供最终验收。控制质量在整个项目期间开展。

（3）巡检日志

巡检日志应记录的内容包括基本内容、工作内容、检验内容、检查内容、其他内容，具体说明如下。

第一部分：基本内容。

① 日期、星期。

② 施工部位。施工部位应将分部、分项工程的名称写清楚。

③ 出勤人数、操作负责人。出勤人数一定要分工种进行记录，并记录总人数。

第二部分：工作内容。

① 当日施工内容及实际完成情况。

② 施工现场有关会议的主要内容。有关领导、主管部门或各种检查组对工程施工技术、质量、安全方面的检查意见和决定。

第三部分：检验内容。

① 隐蔽工程验收情况。巡检日志应写明隐蔽的内容、部位、分项工程、验收人员、验收结论等。

② 材料进场、送检情况。巡检日志应写明材料批号、数量、生产厂家及进场材料的验收情况，以及附上送检后的检验结果。

第四部分：检查内容。

① 质量检查情况：当日线路敷设准确性、敷设线路是否通畅无断接、底盒预埋位置、底盒是否固定牢固、设备安装是否正确、系统运行是否流畅等质量检查和处理记录。

② 安全检查情况及安全隐患处理（纠正）情况。

③ 其他检查情况，例如，文明施工及场容、场貌管理情况等。

第五部分：其他内容。

① 设计变更、技术核定通知及执行情况。施工任务交底、技术交底、安全技术交底情况。

② 停电、停水、停工情况。

③ 施工机械故障及处理情况。

④ 施工中涉及的特殊措施和施工方法、新技术、新材料的推广使用情况。

（4）施工巡检日志填写的要求

① 施工巡检日志应按单位工程填写。

② 记录时间：从开工到竣工验收时为止。

③ 逐日记载，不得中断。

④ 按时、真实、详细记录，中途发生人员变动，应当办理交接手续，保持巡检日志的连续性、完整性。

⑤ 巡检日志应由现场成套技术服务工程师记录。

（5）填写过程中的注意事项

① 书写时一定要字迹工整、清晰。

② 当日的主要施工内容一定要与施工部位相对应。

③ 养护记录要详细，应包括养护部位、养护方法、养护次数、养护人员、养护结果等。

④ 其他检查记录一定要详细具体。

⑤ 停水、停电一定要记录清楚起止时间，以及正在进行哪项工作，是否造成损失等。

4. 任务分组

教师将班级学生分成若干组，每组3人，轮值安排担任项目主管、项目经理、2号成套技术服务工程师，确保每个人在不同的岗位上扮演不同的角色，深入了确各岗位的任务和需求，便于在真实工作环境中，明确岗位职责，提高工作效率。

各小组分配角色后，在规定的课时内，完成相应的任务。学生任务分配见表1-46。

表1-46 学生任务分配

班级			组号	
项目经理			项目主管	
成员	学号	姓名	角色	任务分工
			项目主管	不参与任务操作，负责过程监督、质量评价
			项目经理	检查现场布线、底盒预埋的准确性，检查设备联动效果及运行的稳定性

续表

	学号	姓名	角色	任务分工
成员			2号成套技术服务工程师	填写施工巡检日志；根据项目经理的要求，解决项目进行中存在的技术、质量问题
备注				

5. 制订工作计划

工作计划见表1-47。

表1-47 工作计划

阶段	时间	动作	要点	责任人	协助	物料
执行阶段	2021年6月19日检查前	按照原定计划安装	合理安排工作，确保工期进度	项目经理	2号成套技术服务工程师	无
	2021年6月19日检查中	检查底盒预埋位置	检查灯光控制系统底盒预埋位置是否准确			水平仪

作业一：根据表1-47中呈现的检查前、检查中的工作内容，完成检查后工作内容的填写。

6. 工作实施

填写智慧家庭场景项目施工巡检日志，现场成套技术服务工程师撰写施工巡检日志时，要如实填写项目进行中出现的问题，为之后的工作提供参考与借鉴。撰写时应遵循三步原则，即清晰地描述现场发生的问题、整改后的结果、项目进展对验收的影响。智慧家庭场景项目施工巡检日志见表1-48。

表1-48 智慧家庭场景项目施工巡检日志

编号：80

项目名称：80号智慧家庭

施工负责人：	检查员：	日期：	星期

施工部位：

工作内容：

续表

检查内容：
现场问题：
整改措施：
施工负责人：
复查结果：
检查员： 年　月　日
巡检报告：

作业二：根据现场实际情况，将表1-48中巡检日志的内容补充完整。

7. 评价反馈

智慧家庭场景项目巡检检查见表1-49。

表1-49　智慧家庭场景项目巡检检查

姓名：		组别：	担任岗位：	总分：	
项目名称：80号智慧家庭				日期：	
序号	内容	检查要点		评分标准	扣分
1	施工巡检日志填写	施工巡检日志填写是否完整；语言描述通畅度及准确度；各项内容是否正确；格式是否正确美观		4分	
2	现场各系统布线、底盒预埋的准确性	灯光控制线路是否放置到各控制面板底盒；线路是否正常通信；线路是否断接		3分	
3	各设备安装点位、安装质量	各设备点位是否正确；设备安装是否牢固		2分	

续表

序号	内容	检查要点	评分标准	扣分
4	智慧家庭场景设备联动效果及运行的稳定性	回家模式，灯光是否能正常开启；离家模式，灯光是否能正常关闭；各设备能否正常开启或关闭	3分	
5	作业要求	作业要求是否完成；作业完成的正确性	2分	

点评：

是否合格：□是　　　□否

评价者：项目主管　　　　　　　教师

说明：①未完成，扣除当前所有分数；②已完成但出现错误，根据实际情况，酌情扣分；③累计扣除的分数超过总分数的一半，视为不合格

8. 个人反思与总结

任务二　智慧家庭场景项目例会

"智慧家庭场景项目例会"处于项目生命周期的第三阶段，即执行项目工作。该阶段属于项目管理知识领域的项目质量管理，是项目管理过程的监控过程。任务分析参考图 1-7。

1. 情境描述

每周一上午 10 点是部门例会时间，项目经理需要向领导汇报项目进度情况，包括上周工作的完成情况、本周的工作安排。假设今天为 2021 年 6 月 21 日，星期一，项目经理汇报分为两个部分：上周工作中出现的问题及反思和本周的工作安排。本周主要工作为80 号智慧家庭场景项目验收，在整个例会中，成套设计工程师负责撰写会议纪要。

2. 任务目标

① 根据上周出现的问题，项目经理撰写项目经验教训登记册。

② 分析会议内容，落实责任人，撰写会议纪要。

3. 知识链接

（1）经验教训登记册

经验教训登记册可以记录出现的问题、解决方案，以及意识到的风险，或其他适用的内容。经验教训登记册在项目早期创建，在整个项目期间，根据项目中出现的问题，进行实时更新，参与工作的个人和团队都可撰写经验教训具体内容。

经验教训登记册的方式多样化，可以通过视频、图片、音频或其他方式进行记录，确保有效吸取经验教训。在项目或阶段结束时，相关信息会归入经验教训知识库，成为企业信息资产的一部分。

（2）会议管理

会议管理是为了实现会议高质量、高效率地达到预期目标。规划会议时应采取以下步骤。

① 准备并发布会议议程（包含会议目标）。

② 确保会议在规定的时间开始和结束。

③ 确保责任人受邀并出席。

④ 切题。

⑤ 处理会议中提出的问题。

⑥ 记录所有活动及所分配的责任人。

（3）会议纪要

会议纪要隶属于会议管理，会议纪要是会议内容的产出物。会议纪要主要包括会议日期、会议目标、参会人员、记录人、议程、主要内容纪录、活动及责任人记录等部分。会议纪要作为指导个体活动、检查个人工作完成度的依据，在项目管理中具有重要作用。由于项目涉及的领域广、周期长、成员众多，每个人所负责的内容不同，会议纪要可使成员明确自己的任务，是项目组成员协同办公的主要依据，是衡量项目成员工作完成度的参考。

在记录会议纪要时，成套设计工程师要根据所属部门及会议主题的不同，如实填写会议内容，在记录活动及分配的责任人时，要明确描述责任人、活动完成时间点、活动内容，以结果导向为主。成套设计工程师全程抓取关键信息，将会议中分散的信息，有层次、有逻辑地记录下来。针对持续性的项目，成套设计工程师在记录过程中，要根据责任人完成活动的实际进度，与责任人确定是否完成，如果未完成需要延迟，则必须标注未完成的原因及延迟后完成的实际时间。

4. 任务分组

教师将班级学生分成若干组，每组3人，轮值安排担任项目主管、项目经理、成套设计工程师，确保每个人在不同的岗位上扮演不同的角色，深入了解各岗位的任务和需求，便于在真实工作环境中，明确岗位职责，提高工作效率。

各小组分配角色后，在规定的课时内，完成相应的任务。学生任务分配见表1-50。

表1-50　学生任务分配

班级			组号	
项目经理			项目主管	
成员	学号	姓名	角色	任务分工
			项目主管	不参与任务操作，负责过程监督、质量评价
			项目经理	撰写经验教训登记册
			成套设计工程师	撰写会议纪要
备注				

5. 制订工作计划

工作计划见表1-51。

表1-51　工作计划

阶段	时间	动作	要点	责任人	协助	物料
执行阶段	开会前	撰写经验教训登记册	如实填写上周出现的问题	项目经理	无	计算机、Word软件
	开会中	撰写会议纪要	依据会议内容及安排，准确撰写会议纪要	成套设计工程师	无	

作业一：根据表1-51中呈现的开会前、开会中的工作内容，完成开会中、开会后工作内容的填写。

6. 工作实施

（1）制订智慧家庭场景项目经验教训登记册

智慧家庭场景项目经验教训登记册见表1-52。

表 1-52　智慧家庭场景项目经验教训登记册

项目 名称	
日期	
出现的 问题	
解决 方案	
建议	
意识到 的风险	
其他	

作业二：根据上周施工过程中出现的实际问题，完成表 1-52 内容的填写。

（2）制订 2021 年 6 月 21 日智慧家庭场景项目会议纪要

2021 年 6 月 21 日智慧家庭场景项目会议纪要见表 1-53。

表 1-53　2021 年 6 月 21 日智慧家庭场景项目会议纪要

一、基本信息			
项目名称		召集人	
会议日期		地点	
开始时间		持续时间	
记录人		审核人	
二、议程			
三、会议目标			

四、参会人员

五、主要内容记录

六、活动及责任人记录

七、发送材料

作业三: 根据上周施工中出现的实际问题及任务情境描述,完成表1-53内容的填写。

7. 评价反馈

智慧家庭场景项目例会检查见表1-54。

表1-54　智慧家庭场景项目例会检查

姓名:		组别:	担任岗位:	总分:	
项目名称: 80号智慧家庭				日期:	
序号	内容	检查要点		评分标准	扣分
1	经验教训登记册	经验教训登记册的内容填写是否完成;内容是否正确;是否如实填写		3分	
2	会议纪要	会议纪要内容是否完整;语言描述是否符合逻辑;是否按照标准进行填写		3分	
3	作业要求	作业要求是否完成;作业完成的正确性		2分	
点评:					
是否合格:□是　　　□否					
评价者:项目主管　　　　　　　　教师					
说明:①未完成,扣除当前所有分数;②已完成但出现错误,根据实际情况,酌情扣分;③累计扣除的分数超过总分数的一半,视为不合格					

8. 个人反思与总结

答案详解

任务一 智慧家庭场景项目产品安装质量（答案）

作业一：对应表 1-47 相关内容，工作计划（答案）见表 1-55。

表 1-55 工作计划（答案）

阶段	时间	动作	要点	责任人	协助	物料
执行阶段	2021年6月19日检查前	按照原定计划安装	合理安排工作，确保工期进度	项目经理	2号成套技术服务工程师	无
	2021年6月19日检查中	检查底盒预埋位置	检查灯光控制系统底盒预埋位置是否准确			水平仪
	2021年6月19日检查后	修改检查中出现的问题	针对出现的具体问题，做出修改与完善			无

作业二：对应表 1-48 相关内容，智慧家庭场景项目施工巡检日志（答案）见表 1-56。

表 1-56 智慧家庭场景项目施工巡检日志（答案）

编号：80
项目名称：80 号智慧家庭
施工负责人：2 号成套技术服务工程师　　检查员：高××　　日期：2021 年 6 月 19 日　　　星期六
施工部位：灯光控制系统控制面板的安装
工作内容： ①施工进展情况，今日施工部分为灯光控制系统控制面板的安装 ②今日项目经理到现场进行施工进度的检查和施工质量的检查 ③今日施工正常，无意外停工，进度正常 ④施工部位无异常，施工人员安全
检查内容： ①施工进展，进行灯光控制系统控制面板的安装

续表

②灯光控制系统线路敷设的准确性，线路是否通畅
③各设备安装点位的正确性、底盒预埋位置的准确性
④现场施工进度是否正常

现场问题：
设备安装位置错误，客厅灯光控制系统控制面板安装在主卧，主卧灯光控制系统控制面板安装在客厅

整改措施：
①断开室内电路，张贴"正在施工，请勿送电"标识，或派专人看守配电箱
②依次拧下客厅灯光控制系统控制面板上的螺丝钉，有序拆下零火线及控制线，同时做好标记
③依次拧下主卧灯光控制系统控制面板上的螺丝钉，有序拆下零火线及控制线，同时做好标记
④将客厅灯光控制系统控制面板与主卧灯光控制系统控制面板调换位置后，正确安装
⑤送电，检查各控制面板运行是否正常

施工负责人：2号成套技术服务工程师

复查结果：
客厅及主卧的灯光控制系统控制面板正确匹配安装，正常运行使用，无问题

检查员：高××
2021 年 6 月 19 日

巡检报告：
今日完成灯光控制系统控制面板的安装。项目经理在检查过程中发现设备安装位置错误，错误内容为客厅灯光控制系统控制面板安装在主卧，主卧灯光控制系统控制面板安装在客厅。经过成套技术服务工程师和现场安装工程师的整改，施工现场已敷设电路复查后无问题，底盒预埋位置无问题，项目正常运行，预计 2 日后完成安装与调试，可按时验收

任务二　智慧家庭场景项目例会（答案）

作业一： 对应表 1-51 相关内容，工作计划（答案）见表 1-57。

表 1-57　工作计划（答案）

阶段	时间	动作	要点	责任人	协助	物料
执行阶段	开会前	撰写经验教训登记册	如实填写上周实际出现的问题	项目经理	无	计算机、Word 软件
	开会中	撰写会议纪要	依据会议内容及安排，准确撰写会议纪要	成套设计工程师		
		汇报上周及本周工作内容	有层次、有条理地汇报工作			
	开会后	充分吸取其他人员的有效建议和意见；按照工作计划执行新一周的工作	将会议中领导和其他人员的有效建议，充分借鉴到新的工作中	项目经理		

作业二： 对应表 1-52 相关内容，智慧家庭场景项目经验教训登记册（答案）见表 1-58。

表 1-58　智慧家庭场景项目经验教训登记册（答案）

项目名称	80 号智慧家庭
日期	2021 年 6 月 21 日
出现的问题	在 2021 年 6 月 19 日项目巡检过程中，检查到灯光控制系统控制面板的安装出现设备安装位置错误，客厅灯光控制系统控制面板安装在主卧，主卧灯光控制系统控制面板安装在客厅的现象
解决方案	在现场对成套技术服务工程师与负责这部分施工的安装工程师进行批评，并要求修改，重新安装
建议	建议在行业稳定期由经验较多的安装工程师带领、指导经验较少的安装工程师一起进行安装
意识到的风险	项目验收提前，在调配安装工程师时，由于处于行业繁忙期，大多经验丰富的安装工程师的排期任务都排到 10 天之后。可调配的安装工程师都是经验较少的，2 号安装工程师经验较少，在安装过程中出现安装错误的问题。在行业冷静期需要通过多渠道储备人才
其他	无

作业三：对应表 1-53 相关内容，2021 年 6 月 21 日智慧家庭场景项目会议纪要（答案）见表 1-59。

表 1-59　2021 年 6 月 21 日智慧家庭场景项目会议纪要（答案）

一、基本信息

项目名称	80 号智慧家庭场景项目会议	召集人	高 ××
会议日期	2021 年 6 月 21 日	地点	第二会议室
开始时间	10：00	持续时间	1 小时
记录人	成套设计工程师	审核人	高 ××

二、议程

① 个人工作汇报
② 下一个阶段工作计划与安排
③ 自由研讨

三、会议目标

① 对上周工作存在的问题、解决措施、经验进行分析
② 目前工程的进度
③ 汇报本周的工作安排

四、参会人员

项目主管、项目经理、成套设计工程师

续表

五、主要内容记录
① 项目经理对上周巡检过程中发现的用电问题、安装问题进行了阐述与总结。由于是行业繁忙期，安装工程师及工人都处于用人紧张阶段。在繁忙时期，项目经理应多在现场协助工作，确保项目保质保量完成 ② 本周工作安排：对本周工作进行安排
六、活动及责任人记录
① 80 号智慧家庭场景项目验收——项目经理 ② 协助 80 号智慧家庭场景项目验收——成套设计工程师 ③ 80 号智慧家庭各产品演示——1 号成套技术服务工程师
七、发送材料
项目经理撰写的智慧家庭场景项目经验教训登记册

模块四

智慧家庭场景项目验收

项目成功验收，在一定程度上代表着项目的结束。从业务发展角度来看，项目作为公司发展的基石，具有新生性、持续性的特点。一个项目从开始到结束，过程中积累的经验将为下一个项目的成功储备资源。本模块为智慧家庭场景项目验收，根据智慧家庭场景项目验收的工作流程，分为验收前、验收中、验收后 3 个阶段，本模块将以 3 个主题式任务呈现。

任务一 智慧家庭场景项目验收准备

"智慧家庭场景项目验收准备"处于项目生命周期的第四阶段，即结束项目。该阶段属于项目管理知识领域的项目整合管理，是项目管理过程的收尾过程。任务分析如图 1-9 所示。

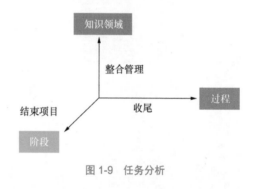

图 1-9　任务分析

1. 情境描述

2021 年 6 月 22 日为项目验收日，假设今天为 6 月 20 日，项目经理在今天制订项目验收单，与 80 号智慧家庭客户、装饰公司负责人联系预约时间，为两日后的验收工作做好准备。

2. 任务目标

① 熟练掌握项目验收流程。

② 制订智慧家庭场景项目验收单。

③ 在实际验收过程中，熟练运用项目验收基本知识，顺利完成验收。

3. 知识链接

（1）项目验收定义

项目验收也称为专业工程竣工验收，一般是指已具备独立的设计文件和施工组织设计条件，甲方单独签订施工合同，在达到竣工条件后，由监理或甲方进行质量验收。

（2）项目验收流程

① 项目经理提前1～2天预约80号智慧家庭客户及装饰公司负责人。

② 项目经理提前准备项目验收单。

③ 成套技术服务工程师现场讲解智慧家庭产品功能及演示操作方法。

④ 验收完成后，请客户在项目验收单上签字，同时支付项目尾款。

（3）项目整合管理

① 定义。项目整合管理包括对隶属于项目管理过程的各种过程和项目管理活动进行识别、定义、组合、统一和协调的各个过程。在项目管理中，整合管理兼具统一、合并、沟通和建立联系的性质，这些活动应贯穿项目始终。

② 阶段。项目整合管理包括制订项目章程、制订项目管理计划、指导与管理项目工作、管理项目知识、监控项目工作、实施整体变更控制、结束项目（或阶段）7个阶段。

③ 注意事项。项目整合管理的工作由项目经理负责。项目整合管理的责任不能被授权或转移。项目经理负责整合所有项目成果，并掌握项目总体情况。项目经理必须对整个项目承担最终责任。

4. 任务分组

教师将班级学生分成若干组，每组3人，轮值安排担任项目主管、项目经理、成套技术服务工程师，确保每个人在不同的岗位上扮演不同的角色，深入了解各岗位的任务和需求，便于在真实工作环境中，明确岗位职责，提高工作效率。

各小组分配角色后，在规定的课时内，完成相应的任务。学生任务分配见表1-60。

表1-60 学生任务分配

班级			组号	
项目经理			项目主管	
成员	学号	姓名	角色	任务分工
			项目主管	不参与任务操作，负责过程监督、质量评价
			项目经理	完成80号智慧家庭场景项目验收单制订；联系80号智慧家庭客户和装饰公司负责人
			成套技术服务工程师	协助项目经理联系80号智慧家庭客户与装饰公司负责人
备注				

5. 制订工作计划

工作计划见表1-61。

表1-61　工作计划

阶段	时间	动作	要点	责任人	协助	物料
结束阶段	验收前	制订项目验收单	根据报价清单表、设备入场清单完成项目验收单	项目经理	成套技术服务工程师	计算机、AutoCAD软件、客户需求登记表
	验收中	为客户介绍智慧家庭产品功能和操作方法；完成项目验收单的填写	详细讲解智慧家庭产品功能和操作方法；项目验收单中清晰描述项目验收中的各要点	成套技术服务工程师	项目经理	

作业一： 根据表1-61中呈现的验收前、验收中的工作内容，完成验收后工作内容的填写。

6. 工作实施

拟定80号智慧家庭场景项目验收单，注意事项如下。

① 拟定80号智慧家庭场景项目验收单时，必须根据80号智慧家庭场景项目各系统的实际情况，准确填写需验收的各个系统。

② 如果未明确需验收的各个系统，可与客户需求登记表核对，也可翻阅"项目一 智慧家庭场景"中的项目背景，明确需验收的系统。

③ 不可出现竣工验收中各系统与客户实际需求不一致的现象。智慧家庭场景项目验收单见表1-62。

表1-62　智慧家庭场景项目验收单

项目名称	80号智慧家庭		合同编号	202180
项目地址			日期	
验收内容				
验收情况	①技术调试人员是否按照标准进行设备安装调试 □是　　　　□否 ②技术调试人员在现场是否做到文明施工，礼貌用语 □是　　　　□否 ③安装调试完成后是否实际演示并操作智能家庭系统 □是　　　　□否			

续表

验收情况	④演示操作后客户是否学会使用智能家庭系统 □是　　　　□否	
验收检查	□合格	□不合格
甲方参加验收人员名单：		
乙方参加验收人员名单：		

作业二： 根据项目实际需要，制作 80 号智慧家庭场景项目验收单。

7. 评价反馈

智慧家庭场景项目验收检查见表 1-63。

表 1-63　智慧家庭场景项目验收检查

姓名：		组别：	担任岗位：		总分：
项目名称：80 号智慧家庭				日期：	
序号	内容	检查要点		评分标准	扣分
1	项目验收单制订	项目验收单各部分是否完整；各个系统是否与客户需求登记表中的系统一致		2 分	
2	项目验收流程	是否能准确讲述项目验收流程；是否能严格按照项目验收流程执行		2 分	
3	作业要求	作业要求是否完成；作业完成的正确性		2 分	
点评：					
是否合格：□是　　　　□否					
评价者：项目主管		教师			

说明：①未完成，扣除当前所有分数；②已完成但出现错误，根据实际情况，酌情扣分；③累计扣除的分数超过总分数的一半，视为不合格

8. 个人反思与总结

任务二 智慧家庭场景项目产品功能讲解与演示

"智慧家庭场景项目产品功能讲解与演示"处于项目生命周期的第四阶段，即结束项目。该阶段属于项目管理知识领域的项目整合管理，是项目管理过程的收尾过程。任务分析参考图1-9。

1. 情境描述

假设今天为2021年6月22日，是项目验收日。李先生一家与项目团队相约在别墅进行项目验收，在验收过程中，成套技术服务工程师向李先生一家讲解、演示智慧家庭产品的功能。

2. 任务目标

① 制作智慧家庭产品功能方案，以PPT的形式进行展示。

② 讲解智慧家庭产品功能、操作方法、使用注意事项。

③ 解答客户对于智慧家庭产品存在的问题和疑惑。

3. 知识链接

PPT制作包括排版四大基本原则、配色原则、图片和图标使用原则、文本处理原则，具体介绍如下。

（1）排版四大基本原则

① 对比原则：对比能使内容清晰地展示在客户面前，吸引客户的注意力。

② 重复原则：在设计过程中，重复使用同一模板页面，可使整个PPT风格统一。

③ 对齐原则：条理清晰地呈现在客户面前，内容要点清晰明了。

④ 亲密原则：将内容与逻辑相关联的页面安排在一起，达到内容的承接与格式的统一。

（2）配色原则

① 色彩服务主题内容：色彩的使用应与主题内容相符。

② 色彩数量：PPT页面尽量不超过3种颜色，如果色彩单一，则会影响主题内容的展示；如果色彩复杂，则会使主题内容过于跳脱，不利于主题内容的展示。

③ 前景与背景相对比：使前景内容更好地呈现，内容辨识度提升。

④ 色彩匹配观众喜好：在整体配色设计中，平衡专业性和趣味性，既不过于刻板，又具有吸引力。

（3）图片和图标使用原则

① 在 PPT 中，使用图片和图标的目的是强调与突出重点内容，对文本内容进行解释与完善，丰富页面，使页面更饱满。

② 在使用图片和图标时，需遵循 5 项原则：确保所使用的图片和图标与主题内容契合；美观大方地呈现在页面中；放置位置合理；大小适中；颜色与主题内容相匹配。

（4）文本处理原则

① 在制作 PPT 的过程中，文本内容需精简，突出重点，切不可出现长篇幅文字，如果需要长篇幅的文字，则用不同颜色的字体标注显示。

② 整个 PPT 文本，需围绕主题内容展开。

③ 组合与总结。如果 PPT 文本内容存在结构承接、内容相连的部分，则以组合的方式呈现。每个分主题描述完成后，应对分主题进行总结。

④ 化整为零，多页排版。当文本内容以大段文字呈现时，可将一页内容拆分为若干页面。同时注意页面内容的连贯性，明确主题。

4. 任务分组

教师将班级学生分成若干组，每组 3 人，轮值安排担任项目主管、项目经理、成套技术服务工程师，确保每个人在不同的岗位上扮演不同的角色，深入了解各岗位的任务和需求，便于在真实工作环境中，明确岗位职责，提高工作效率。

各小组分配角色后，在规定的课时内，完成相应的任务。学生任务分配见表 1-64。

表 1-64 学生任务分配

班级			组号	
项目经理			项目主管	
成员	学号	姓名	角色	任务分工
			项目主管	不参与任务操作，负责过程监督、质量评价
			项目经理	制作智慧家庭产品功能方案 PPT
			成套技术服务工程师	讲解智慧家庭产品功能，教会客户使用智慧家庭系统
备注				

5. 制订工作计划

工作计划见表 1-65。

表 1-65 工作计划

阶段	时间	动作	要点	责任人	协助	物料
结束阶段	验收前	制作产品功能方案 PPT	PPT 的内容应全面，详细介绍各产品的功能	项目经理	成套技术服务工程师	计算机、手机、PowerPoint 软件
	验收中	讲解产品功能方案 PPT	详细介绍产品的功能、使用注意事项	成套技术服务工程师	项目经理	

作业一：根据表 1-65 中呈现的验收前、验收中的工作内容，完成验收中、验收后工作内容的填写。

6. 工作实施

① 制作智慧家庭产品功能方案，以 PPT 的方式展示。

② 教会客户使用智慧家庭控制系统，提醒客户使用注意事项，耐心解答客户提出的问题，消除客户的疑虑，拉近与客户之间的距离，为售后及二次合作打下基础。

作业二：根据项目实际需要，参照智慧家庭产品功能方案（详见本任务"9. 附件"），制作 80 号智慧家庭产品功能方案 PPT。

7. 评价反馈

智慧家庭产品功能讲解与演示验收检查见表 1-66。

表 1-66 智慧家庭产品功能讲解与演示验收检查

姓名：		组别：	担任岗位：	总分：	
项目名称：80 号智慧家庭				日期：	
序号	内容	检查要点		评分标准	扣分
1	智慧家庭产品功能方案	智慧家庭产品功能方案的内容是否完整；配色是否简洁大方；是否突出重点		3 分	
2	智慧家庭产品功能的使用方法讲解	讲解是否逻辑清晰；是否讲解重点内容；是否耐心回答客户提出的问题		4 分	

序号	内容	检查要点	评分标准	扣分
3	智慧家庭产品功能操作	各产品操作是否熟练；是否教会客户	3分	
4	作业要求	作业要求是否完成；作业完成的正确性	2分	

点评：

是否合格：□是　　　□否

评价者：项目主管　　　　　　教师

说明：①未完成，扣除当前所有分数；②已完成但出现错误，根据实际情况，酌情扣分；③累计扣除的分数超过总分数的一半，视为不合格

8. 个人反思与总结

9. 附件

智慧家庭产品功能方案。

（1）智慧家庭产品功能的特点

一是安全性。

智能门锁、视频监控、安防报警、可视对讲、厨房漏水/漏气报警等系统可保障家庭生活的安全。

二是健康性。

健康空气、健康饮水、食品管理、家庭体检4种方式，使家庭成员的身体更健康。

三是便利性。

灯光控制、窗帘控制、家电管理、集中管理，使家庭生活场景化、个性化、便捷化。

四是舒适性。

聆听背景音乐、设置家庭影院，使家庭成员的身心得到满足与放松。

（2）智慧家庭系统

以海尔智慧家庭系统为例。

海尔智慧家庭系统包含可视对讲系统、智能门锁系统、灯光窗帘控制系统、远程视频监控系统、背景音乐系统、智慧家庭影院系统、远程家电管控系统、智能安防系统。

可视对讲系统具有叫门、摄像、对讲、室内监视室外、室内遥控开锁、电子公告等功能。其中，电子公告功能可接收物业管理中心的各种通知、水电费催缴等电子公告。新款门口机支持人脸识别开门，更安全、更便利。

智能门锁系统具有亲情提醒、防止挟持报警的功能，具体如下。

① 亲情提醒功能可在孩子开门回家后，发送"孩子已平安回家"信息通知父母。

② 防止挟持报警功能可在家人回家时，如果遇到不法分子尾随、挟持，可通过防尾随密码正常开门，同时发送报警信息通知亲人，遇到危险情况，亲人可及时报警，保护家人的安全。

灯光窗帘控制系统包括灯光控制系统和窗帘控制系统。

灯光控制系统包括开关控制、调光控制、集中控制、光线感测控制、移动感测控制，具体如下。

① 开关控制，通过智能控制实现一组或几组灯开关。

② 调光控制，为各种活动选择适合的灯光亮度，营造不同的氛围。

③ 集中控制，通过智能面板或触摸屏可以开启、关闭任意一个房间的灯光等。

④ 光线感测控制，感应室外光照度，自动调节灯光亮度或关闭灯光。

⑤ 移动感测控制，在卫生间、走廊等公共区域设置移动探测系统，实现人来灯亮、人走灯灭的功能，节能环保。

窗帘控制系统具有静音设计，控制方式多样化，可自动感知室外天气情况，具体如下。

① 静音设计，噪声小于 30 分贝。

② 控制方式多样化，用户可手动拉开或关闭窗帘，也可通过手机、iPad 等用户端设备控制窗帘。

③ 自动感知室外天气情况，遇到风雨天气，自动关窗。

远程视频监控系统的应用程序为海尔智慧家庭 App，可通过 Wi-Fi 连接监控。

背景音乐系统操作简单，可集中管理，具体如下。

① 操作简单。不同房间独立控制音源，可以同时使用 4 种音源，根据用户习惯可实现音乐伴随功能：进入房间，背景音乐自动响起，离开房间，背景音乐自动关闭。

② 智能触控面板可集中管理背景音乐。

智慧家庭影院系统的优点如下。

① 1080p 高清投影机，可播放超高清画面。

② 5.1 声道环绕立体声，给用户身临其境的体验。

③ 智能触控面板、智能遥控器、手机等可以实现场景一键操作，老人、孩子也可以轻松掌握操作流程。

远程家电管控系统的功能如下。

① 可以和其他设备一起组成智慧场景，实现场景联动。

② 可进行本地控制及远程控制，实时查看家中电器的状态。

智能安防系统涵盖智能网关、智能插座、人体红外、智能烟雾报警、可燃气体探测、紧急求救信号（SOS，国际摩尔斯电码救难信号）按钮、智能水浸报警器、智能门磁、智能猫眼等一系列智能化设备。例如，一旦发现煤气泄漏，智能安防系统自动关闭煤气阀、开启油烟机、打开窗户，并将警情通知业主。

（3）智慧家庭 App 展示

海尔智慧家庭 App 展示如图 1-10 所示。

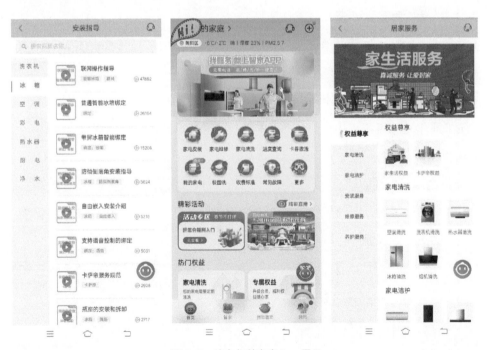

图 1-10　海尔智慧家庭 App 展示

（4）语音交互

语音交互以海尔兄弟人工智能（Artifical Intelligence，AI）音响——探险家为例来介绍。

海尔兄弟 AI 音响——探险家基本介绍见表 1-67。

表 1-67　海尔兄弟 AI 音响——探险家基本介绍

名称	海尔兄弟 AI 音响——探险家
产品型号	HSPK-X31UD
唤醒词	海尔兄弟、小优小优
扬声器	1.5 英寸全频（1.5 英寸为 3.81 厘米）
电源接口	12V/1A，DC
Wi-Fi&BT	2.4GHz/BT5.1
检测认证	CCC/SRRC
裸机重量	约 245g
产品尺寸	100mm×90mm
外包装尺寸	114mm×114mm×124mm

海尔兄弟 AI 音响——探险家的特点，具体如下。

① 智能家居：一句话控制海尔智能家电。

② 音乐音频：海量的音乐音频资源。

③ 儿童娱教：海量的儿童寓教于乐资源。

④ 生活服务：贴心生活小助理。

海尔兄弟 AI 音响——探险家的功能，具体如下。

① 一句话开启三翼鸟语音场景。

一句"海尔兄弟"或"小优小优"，开启全屋语音场景，支持海尔集团 70 多个品类、4400 多款智能家电设备。

② 懂你的智慧生活助理。

生活中的贴心助理，定制闹钟、事件提醒、查询天气、查询时间、海量菜谱等。

③ 感知决策、主动服务。

基于人、家电、环境的家庭场景全方位感知决策，完成提醒及异常警报，主动服务更安心。

④ 海尔兄弟，定制趣味交互。

《海尔兄弟》动画片人物原声植入，专属人物对话，人机交互趣味陪伴。

⑤ 连续对话。

开启连续对话，30 秒内同一话题或同一使用场景免唤醒，30 秒内音响没听到有效命令，将自动关闭收音。

⑥ 儿童娱教全面陪伴孩子成长。

为什么会打雷？世界上最长的河流是什么？百科知识承包孩子的十万个为什么，儿歌、故事、唐诗宋词、国学文章，满足不同年龄段孩子的需求，丰富的寓教于乐资源，激发孩子的求知和探索欲。

⑦ 一句话点播海量音频。

与 QQ 音乐、喜马拉雅合作，音乐电台 / 有声小说 / 相声小品 / 新闻资讯等随机点播。

⑧ 蓝牙点播，轻松畅连。

除了语音点播，还可以连接手机蓝牙，播放手机里的音频资源。

⑨ 3 步联网，便捷体验。

3 步快速联网、精准拾音、动人音质。

3 步快速联网：音响进入配网→输入 Wi-Fi 信息→配网成功。

精准拾音：两个高精度微机电系统（Micro Electro Mechanical System，MEMS）麦克风线形阵列，360° 全方位拾音，回声消除，智能降噪，实现远场自然语音精准识别；深度定制行业一流语音算法方案。

动人音质：1.5 英寸（3.81 厘米）全频扬声器单元，大容量独立音腔设计；专业声音扩散结构，360° 声音反射；专业调音，高、中、低三频稳定均衡声音饱满而细腻。

任务三　智慧家庭场景项目复盘总结

"智慧家庭场景项目复盘总结"处于项目生命周期的第四阶段，即结束项目。该阶段属于项目管理知识领域的项目整合管理，是项目管理过程的收尾过程。任务分析参考图 1-9。

1. 情境描述

2021 年 6 月 22 日，80 号智慧家庭场景项目顺利验收，项目经理整理项目资料，制作项目复盘汇报 PPT，于 6 月 26 日进行项目复盘汇报。

2. 任务目标

① 制作项目复盘汇报 PPT。

② 整理项目汇编资料。

③ 讲解项目复盘汇报 PPT。

3. 知识链接

（1）项目复盘汇报

项目复盘汇报是对项目进行整体的回顾与分析，具体内容包括回顾目标、评估结果、分析原因、总结规律4个部分。其中，回顾目标包含目的、目标；评估结果包含闪光点、缺点；分析原因包含成功关键因素、失败根本原因；总结规律包含对经验、规律的总结。

（2）项目结束时的注意事项

在项目结束时，项目经理需要回顾项目管理计划，确保所有项目工作都已完成，项目目标均已实现。

为达到阶段或项目的完工或退出标准所必须进行的活动如下。

① 确保所有文件和可交付成果都已是最新版本，且所有问题都已得到解决。

② 确认可交付成果已交付给客户并已获得客户的正式验收证明。

③ 确保所有成本都已记入项目成本账户。

④ 关闭项目账户。

⑤ 重新分配人员。

⑥ 处理多余的项目材料。

⑦ 重新分配项目设施、设备和其他资源。

⑧ 根据管理制度编制详细的最终项目资料。

4. 任务分组

教师将班级学生分成若干组，每组3人，轮值安排担任项目主管、项目经理、成套设计工程师，确保每个人在不同的岗位上扮演不同的角色，深入了解各岗位的任务和需求，便于在真实工作环境中，明确岗位职责，提高工作效率。

各小组分配角色后，在规定的课时内，完成相应的任务。学生任务分配见表1-68。

表1-68　学生任务分配

班级			组号	
项目经理			项目主管	
成员	学号	姓名	角色	任务分工
			项目主管	不参与任务操作，负责过程监督、质量评价
			项目经理	制作80号智慧家庭场景项目复盘汇报PPT，整理项目汇编资料

续表

	学号	姓名	角色	任务分工
成员			成套设计工程师	协助项目经理整理 80 号智慧家庭场景项目汇编资料
备注				

5. 制订工作计划

工作计划见表 1-69。

表 1-69　工作计划

阶段	时间	动作	要点	责任人	协助	物料
结束阶段	汇报前	整理项目汇编资料，制作项目复盘汇报 PPT	依照项目汇编资料与项目实际情况，制作项目复盘汇报 PPT	项目经理	成套设计工程师	计算机、PowerPoint 软件
	汇报中	讲解项目复盘汇报 PPT	清晰讲解项目进程与出现的问题，清晰准确回答领导提出的问题		无	

作业一：根据表 1-69 中呈现的汇报前、汇报中的工作内容，完成汇报后工作内容的填写。

6. 工作实施

制作项目复盘汇报 PPT。

注意事项：制作项目复盘汇报 PPT 时，要考虑全面，严格按照项目的实际情况进行分析。有理有据，将有效的资料整理运用于汇报 PPT 中。

作业二：根据项目实际需要，制作 "80 号智慧家庭场景项目复盘汇报 PPT"。

7. 评价反馈

智慧家庭场景项目复盘汇报检查见表 1-70。

表 1-70　智慧家庭场景项目复盘汇报检查

姓名：		组别：	担任岗位：	总分：	
项目名称：80 号智慧家庭				日期：	
序号	内容		检查要点	评分标准	扣分
1	项目复盘汇报 PPT 内容		项目复盘汇报 PPT 是否包含回顾目标、评估结果、分析原因、总结规律 4 个部分的内容；内容是否全面、真实	3 分	

续表

序号	内容	检查要点	评分标准	扣分
2	项目复盘汇报 PPT 设计	项目复盘汇报 PPT 的美观度；是否简洁大方	2 分	
3	作业要求	作业要求是否完成；作业完成的正确性	2 分	

点评：

是否合格：□是　　　　□否

评价者：项目主管　　　　　　　　教师

说明：①未完成，扣除当前所有分数；②已完成但出现错误，根据实际情况，酌情扣分；③累计扣除的分数超过总分数的一半，视为不合格。

8. 个人反思与总结

答案详解

任务一　智慧家庭场景项目验收准备（答案）

作业一：对应表 1–61 相关内容，工作计划（答案）见表 1–71。

表 1–71　工作计划（答案）

阶段	时间	动作	要点	责任人	协助	物料
结束阶段	验收前	制订项目验收单	根据报价清单、设备入场清单完成项目验收单	项目经理	成套技术服务工程师	计算机、AutoCAD软件、客户需求登记表
	验收中	为客户介绍智慧家庭产品功能和操作方法；完成项目验收单的填写	详细讲解智慧家庭产品功能和操作方法；项目验收单中清晰描述项目验收中的各要点	成套技术服务工程师	项目经理	
	验收后	结项汇报	召开项目结项例会，完成项目汇报	项目经理	成套技术服务工程师	计算机、PowerPoint软件、项目汇编资料

作业二：对应表 1-62 相关内容，智慧家庭场景项目验收单（答案）见表 1-72。

表 1-72　智慧家庭场景项目验收单（答案）

项目名称	80 号智慧家庭	合同编号	202180
项目地址	北京市 ×× 区 ×× 庄园 × 栋 × 号	日期	2021 年 6 月 22 日
验收内容	各卧室、厨房、客厅区域安装的智能产品的运行效果		
验收情况	①技术调试人员是否按照标准进行设备安装调试 　　☑ 是　　　　□ 否 ②技术调试人员在现场是否做到文明施工，礼貌用语 　　☑ 是　　　　□ 否 ③安装调试完成后是否实际演示并操作智能家庭系统 　　☑ 是　　　　□ 否 ④演示操作后客户是否学会使用智能家庭系统 　　☑ 是　　　　□ 否		
验收检查	☑ 合格		□ 不合格
甲方参加验收人员名单： 李先生、李太太、孩子			
乙方参加验收人员名单： 项目经理高 ××、成套设计工程师、成套技术服务工程师、装饰公司负责人			

任务二　智慧家庭场景项目产品功能讲解与演示（答案）

作业一：对应表 1-65 相关内容，工作计划（答案）见表 1-73。

表 1-73　工作计划（答案）

阶段	时间	动作	要点	责任人	协助	物料
结束阶段	验收前	制作产品功能方案 PPT	PPT 的内容应全面，详细介绍各产品的功能	项目经理	成套技术服务工程师	计算机、手机、PowerPoint 软件
	验收中	讲解产品功能方案 PPT	详细介绍产品的功能、使用注意事项	成套技术服务工程师	项目经理	

续表

阶段	时间	动作	要点	责任人	协助	物料
结束阶段	验收中	教客户如何使用各系统	一对一演示操作。成套技术服务工程师操作一遍，客户操作一遍			计算机、手机、PowerPoint软件
	验收后	总结汇报	整理项目过程中的各类文档，向上级汇报	项目经理	成套技术服务工程师	

作业二：答案详见"80号智慧家庭产品功能方案"PPT，请扫二维码获取。

任务三　智慧家庭场景项目复盘总结（答案）

作业一：对应表1–69相关内容，工作计划（答案）见表1–74。

表1–74　工作计划（答案）

阶段	时间	动作	要点	责任人	协助	物料
结束阶段	汇报前	整理项目汇编资料，制作项目复盘汇报PPT	依照项目汇编资料与项目实际情况，制作项目复盘汇报PPT	项目经理	成套设计工程师	计算机、PowerPoint软件
	汇报中	讲解项目复盘汇报PPT	清晰讲解项目进程与出现的问题，清晰准确回答领导提出的问题		无	
	汇报后	反思领导提出的建议和意见	根据实际情况，采纳领导提出的建议与意见，在下一次项目中应用，提高工作效率		成套设计工程师	

作业二：

① 模板详见"80号智慧家庭场景项目复盘汇报"（模板）PPT，请扫二维码获取。

② 答案详见"80号智慧家庭场景项目复盘汇报"（答案）PPT，请扫二维码获取。

项目二 智慧家庭场景应用实验

● 项目背景

　　北京的陈先生与妻子两个人居住在北京市东城区的 ×× 胡同，居住面积为 30m²，陈先生联系到北京海尔智家，讲述妻子年龄大了，有几次做完饭忘记关闭煤气阀门，幸好自己及时发现，避免了事故的发生。陈先生一家居住的房子面积较小，放置的物品较多，导致屋内的温湿度变化较大，生活不便，想安装一套智能系统，监控屋内的温湿度和煤气有无泄漏。根据陈先生的需求，"生态 200" 团队为陈先生安装温湿度传感器、可燃气体传感器、烟雾传感器，实现实时监控家中温湿度、燃气状况。

　　"生态 200" 团队根据陈先生的实际需求，为陈先生提供解决方案，并在团队所在的物联网场景设计与开发平台上实现该解决方案，便于为陈先生提供极致的应用现场体验。

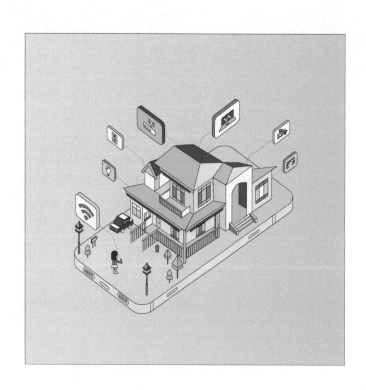

智慧家庭场景传感器接线实验

任务一 智慧家庭场景可燃气体传感器接线实验

1. 情境描述

根据陈先生的实际需求，"生态200"团队在物联网场景设计与开发平台上，把可燃气体传感器接到智能节点中正确的接口上。

2. 任务目标

① 掌握可燃气体传感器的基本参数、工作原理、应用领域。

② 正确完成智能节点与可燃气体传感器的接线。

3. 知识链接

（1）可燃气体传感器基础参数

可燃气体传感器基础参数见表2-1。

表2-1 可燃气体传感器基础参数

感应气体	煤气、天然气、液化石油气
报警浓度	煤气0.1%～0.5%、天然气0.1%～0.3%、液化石油气0.1%～0.5%
工作电压	DC 9～10V
工作电流	＜100mA
工作温度	–10℃～55℃
工作湿度	＜97%RH
报警音量	10英尺处为75分贝（1英尺=0.3048米）
相应时间	＜20s
产品尺寸	80mm×28mm

（2）可燃气体传感器接线的工作原理

可燃气体传感器接线的工作原理如图2-1所示。

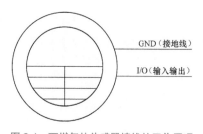

图2-1 可燃气体传感器接线的工作原理

燃气探测器底盘引出两根线缆，即 GND（接地线）线和信号线，分别接到工业节点的 GND 和 I/O（Input/Output，输入 / 输出）口上。

（3）可燃气体传感器的应用领域

可燃气体传感器的应用领域较广，涉及石油化工、有色金属、电力通信等行业。在家庭场景中，可燃气体传感器主要用于检测甲烷、一氧化碳。本物联网场景设计与开发平台使用的可燃气体传感器型号为 SG-278A，主要感应煤气、天然气、液化石油气，采用全新纳米技术、具有超长使用寿命的特点。

4. 任务分组

教师将班级学生分成若干组，每组 3 人，轮值安排担任项目主管、1 号成套开发工程师、2 号成套开发工程师。以团队合作的方式完成实验，锻炼组内成员的协调、合作能力。学生任务分配见表 2-2。

表 2-2　学生任务分配

班级			组号	
项目经理			项目主管	
成员	学号	姓名	角色	任务分工
			项目主管	不参与任务操作，负责过程监督、质量评价
			1 号成套开发工程师	严格按照工作计划、实验步骤，完成可燃气体传感器接线实验操作
			2 号成套开发工程师	辅助 1 号成套开发工程师，完成可燃气体传感器接线实验，检查 1 号成套开发工程师实验结果的正确性
备注				

5. 制订工作计划

工作计划见表 2-3。

表 2-3　工作计划

阶段	时间	动作	要点	责任人	协助	物料
进行实验	实验前	智能节点与可燃气体传感器处于没有线路连接的状态	必须保证智能节点与可燃气体传感器处于没有线路连接的状态	2 号成套开发工程师	1 号成套开发工程师	螺丝刀（一套）、剥线钳（一把）、线材、万用表（一个）
	实验中	按照实验步骤，准确完成可燃气体传感器接线实验	严格根据实验步骤和要求进行实验	1 号成套开发工程师	2 号成套开发工程师	
	实验后	检查实验结果是否正确，智能节点与可燃气体传感器是否正确连接	根据不同的实验对象，详细检查实验结果的正确性	2 号成套开发工程师	1 号成套开发工程师	

6. 工作实施

（1）实验步骤

① 分别拿出可燃气体传感器、智能节点。

② 将可燃气体传感器三芯线接到智能节点板上。接线示意如图 2-2 所示。

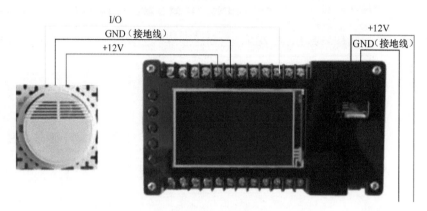

图 2-2　接线示意

③ 线路连接说明见表 2-4。

表 2-4　线路连接说明

类型	接头	智能节点板接口
I/O	黄色接头	智能节点板 PA5 接口
+12V	红色接头	智能节点板 +12V 接口
GND（接地线）	黑色接头	智能节点板 GND 接口

（2）实验结果

实验结果如图 2-2 所示。

7. 评价反馈

智慧家庭场景可燃气体传感器接线实验 SOP[1] 检查见表 2-5。

表 2-5　智慧家庭场景可燃气体传感器接线实验 SOP 检查

姓名：		组别：	担任岗位：		总分：
客户家庭：陈先生					日期：
序号	内容	检查要点		评分标准	扣分
1	实验前设备状态	是否为断电接线的状态		1 分	
2	设备接线	连接整齐、布局规范、美观		3 分	
3	结果显示	智能节点与可燃气体传感器的接线正确		1 分	

---

1. SOP（Standard Operating Procedure，标准操作规程）。

点评：	
是否合格：□是　　　　□否	
评价者：项目主管	教师
说明：①未完成，扣除当前所有分数；②已完成但出现错误，根据实际情况，酌情扣分；③累计扣除的分数超过总分数的一半，视为不合格	

8. 个人反思与总结

任务二　智慧家庭场景温湿度传感器接线实验

1. 情境描述

根据陈先生的实际需求，"生态 200"团队在物联网场景设计与开发平台上，把温湿度传感器接到智能节点中正确的接口上。

2. 任务目标

① 掌握温湿度传感器的基础参数、工作原理、应用领域。

② 正确完成智能节点与温湿度传感器的接线。

3. 知识链接

（1）温湿度传感器的基础参数

温湿度传感器的基础参数见表 2-6。

表 2-6　温湿度传感器的基础参数

直流供电	DC 10 ～ 30V
最大功耗	0.3W
输出信号	RS485；4 ～ 20mA；0 ～ 5V；0 ～ 10V

续表

响应时间	≤ 15s（风速 1m/s）
温度长期稳定性（以年为单位）	≤ 0.1℃
湿度长期稳定性（以年为单位）	≤ 1% RH
湿度范围	0 ～ 100%RH
温度范围	−40℃～ 80℃
温度分辨率	0.1℃
湿度分辨率	0.1%RH
耗电	≤ 0.15W（@12V DC，25℃）
工作压力范围	0.9 ～ 1.1atm（1atm=101325 Pa）

（2）温湿度传感器接线的工作原理

温湿度传感器接线的工作原理如图 2-3 所示，传感器底盒引出 4 根线缆，红线接工业节点 + VIN 接口，黑线接 GND 口，黄线接 485A口，绿线接 485B口。

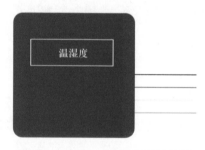

温湿度

图 2-3　温湿度传感器接线的工作原理

（3）温湿度传感器的应用领域

温湿度传感器因其性能稳定、体积小等特点，在生产生活的各领域被广泛应用。本物联网场景设计与开发平台采用的温湿度传感器是普锐森社的 86 壳液晶温湿度变送器（485型）。该型号传感器带液晶显示屏，能实时显示温湿度，安装简便，背部无螺丝端子接线，可安装在标准 86mm 接线盒上，采用标准 MODBUS-RTU 通信协议，RS485 信号输出，通信距离最大可达到 2000m。系统架构如图 2-4 所示。

4. 任务分组

教师将班级学生分成若干组，每组 3 人，轮值安排担任项目主管、1 号成套开发工程师、2 号成套开发工程师。以团队合作的方式完成实验，锻炼组内成员的协调、合作能力。学生任务分配见表 2-7。

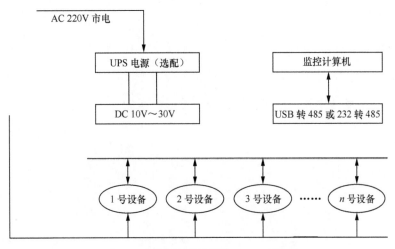

图2-4　系统架构

表2-7　学生任务分配

班级			组号	
项目经理			项目主管	
成员	学号	姓名	角色	任务分工
			项目主管	不参与任务操作，负责过程监督、质量评价
			1号成套开发工程师	严格按照工作计划、实验步骤，完成温湿度传感器接线实验操作
			2号成套开发工程师	辅助1号成套开发工程师，完成温湿度传感器接线实验操作，检查1号成套开发工程师实验结果的正确性
备注				

5. 制订工作计划

工作计划见表2-8。

表2-8　工作计划

阶段	时间	动作	要点	责任人	协助	物料
进行实验	实验前	智能节点与温湿度传感器处于没有线路连接的状态	必须保证智能节点与温湿度传感器处于没有线路连接的状态	2号成套开发工程师	1号成套开发工程师	螺丝刀（一套）、剥线钳（一把）、线材、万用表（一个）
	实验中	按照实验步骤，准确完成温湿度传感器接线实验	严格根据实验步骤和实验要点、相关材料进行实验	1号成套开发工程师	2号成套开发工程师	
	实验后	检查实验结果是否正确，智能节点与温湿度传感器是否正确连接	详细检查实验结果的正确性	2号成套开发工程师	1号成套开发工程师	

6. 工作实施

（1）实验步骤

① 准备一根四芯线（红色、黑色、黄色、绿色），两头剥开。

② 拿出温湿度传感器，用四芯线连接。接线说明如图 2-5 所示。

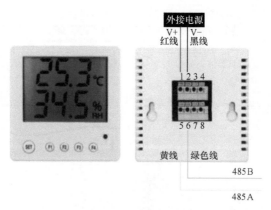

图 2-5　接线说明

③ 拿出智能节点，用四芯线的另一头连接。接线示例如图 2-6 所示。

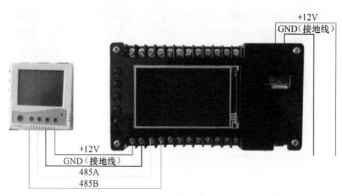

图 2-6　接线示例

④ 线路连接说明见表 2-9。

表 2-9　线路连接说明

类型	接头	智能节点板接口
+12V	红色接头	智能节点板 +12V 接口
GND(接地线)	黑色接头	智能节点板 GND 接口
485A	黄色接头	智能节点板 458A 接口
485B	绿色接头	智能节点板 458B 接口

（2）实验结果

实验结果如图 2-5 所示。

7. 评价反馈

智慧家庭场景温湿度传感器接线实验 SOP 检查见表 2-10。

表 2-10　智慧家庭场景温湿度传感器接线实验 SOP 检查

姓名：		组别：		担任岗位：		总分：	
客户家庭：陈先生						日期：	
序号	内容		检查要点			评分标准	扣分
1	实验前设备状态		是否为断电接线的状态			1 分	
2	设备接线		连接整齐、布局规范、美观			3 分	
3	结果显示		智能节点与温湿度传感器的接线正确			1 分	
点评：							
是否合格：□是　　　□否							
评价者：项目主管　　　　　　　　教师							
说明：①未完成，扣除当前所有分数；②已完成但出现错误，根据实际情况，酌情扣分；③累计扣除的分数超过总分数的一半，视为不合格							

8. 个人反思与总结

任务三　智慧家庭场景烟雾传感器接线实验

1. 情境描述

根据陈先生的实际需求，"生态 200"团队在物联网场景设计与开发平台上，把烟雾传感器接到智能节点中正确的接口上。

2. 任务目标

① 掌握烟雾传感器的基本参数、工作原理、应用领域。

② 正确完成智能节点与烟雾传感器的接线。

3. 知识链接

（1）烟雾传感器的基本参数

烟雾传感器的基本参数见表 2-11。

表 2-11　烟雾传感器的基本参数

工作电压	DC 9 ～ 35V
静态电流	≤ 2mA
报警电流	≤ 10mA
工作温度	−10℃ ～ 50℃
环境湿度	≤ 95%RH
报警方式	联网输出 LED 指示报警
检测面积	20m^2
报警输出	常开常闭可选
产品尺寸	104mm×51mm

（2）烟雾传感器接线的工作原理

烟雾传感器接线的工作原理如图 2-7 所示。图 2-7 中有火警探测器底盘，4 个矩形为其上的 4 个金属接片，分别对应 +12V、GND（接地）和两个信号触点。将 1 号线与工业节点的 +VIN 接口相连，2 号、3 号线短接后接地，4 号线接在工业节点的 I/O 口上。

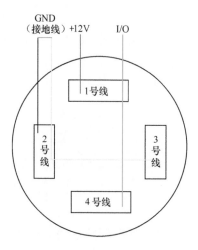

图 2-7　烟雾传感器接线的工作原理

（3）烟雾传感器的应用领域

烟雾传感器广泛应用在城市安防、工厂、公司、学校、住宅、别墅、仓库、资源、石油、化工、燃气输配等领域。

4. 任务分组

教师将班级学生分成若干组，每组3人，轮值安排担任项目主管、1号成套开发工程师、2号成套开发工程师。以团队合作的方式完成实验，锻炼组内成员的协调、合作能力。学生任务分配见表2-12。

表2-12　学生任务分配

班级			组号	
项目经理			项目主管	
成员	学号	姓名	角色	任务分工
			项目主管	不参与任务操作，负责过程监督、质量评价
			1号成套开发工程师	严格按照工作计划、实验步骤，完成烟雾传感器接线实验操作
			2号成套开发工程师	辅助1号成套开发工程师，完成烟雾传感器接线实验操作，检查1号成套开发工程师实验结果的正确性
备注				

5. 制订工作计划

工作计划见表2-13。

表2-13　工作计划

阶段	时间	动作	要点	责任人	协助	物料
进行实验	实验前	智能节点与烟雾传感器处于没有线路连接的状态	必须保证智能节点与烟雾传感器处于没有线路连接的状态	2号成套开发工程师	1号成套开发工程师	螺丝刀（一套）、剥线钳（一把）、万用表（一个）
	实验中	按照实验步骤，准确完成烟雾传感器接线实验	严格根据实验步骤和实验要点、相关材料进行实验	1号成套开发工程师	2号成套开发工程师	
	实验后	检查实验结果是否正确，智能节点与烟雾传感器是否正确连接	详细检查实验结果的正确性	2号成套开发工程师	1号成套开发工程师	

6. 工作实施

（1）实验步骤

① 准备一根三芯线（红色、黑色、黄色），两头剥开。

② 拿出烟雾传感器，用三芯线连接。接线说明如图 2-8 所示。

图 2-8　接线说明

③ 将智能节点与三芯线的另一头连接。接线示例如图 2-9 所示。

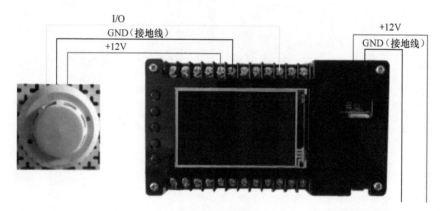

图 2-9　接线示例

④ 线路连接说明见表 2-14。

表 2-14　线路连接说明

类型	接头	智能节点板接口
I/O	黄色接头	智能节点板 PA5 接口
+12V	红色接头	智能节点板 +12V 接口
GND（接地线）	黑色接头	智能节点板 GND 接口

（2）实验结果

实验结果如图 2-9 所示。

7. 评价反馈

智慧家庭场景烟雾传感器接线实验 SOP 检查见表 2-15。

表 2-15 智慧家庭场景烟雾传感器接线实验 SOP 检查

姓名:		组别:	担任岗位:	总分:	
客户家庭：陈先生				日期:	
序号	内容	检查要点		评分标准	扣分
1	实验前设备状态	是否为断电接线的状态		1分	
2	设备接线	连接整齐、布局规范、美观		3分	
3	结果显示	智能节点与烟雾传感器的接线正确		1分	
点评：					
是否合格：□是　　　□否					
评价者：项目主管　　　　　　　教师					
说明：①未完成，扣除当前所有分数；②已完成但出现错误，根据实际情况，酌情扣分；③累计扣除的分数超过总分数的一半，视为不合格					

8. 个人反思与总结

模块二

智慧家庭场景程序烧写与配置实验

任务一 智慧家庭场景各节点 STM32 烧写过程及智能节点传感器类型配置

1. 情境描述

根据陈先生的实际需求，"生态 200" 团队在物联网场景设计与开发平台上，进行可燃气体传感器、温湿度传感器、烟雾传感器对应的智能节点、异构网关 STM32 烧写过程及智能节点传感器类型配置。

2. 任务目标

正确完成智能节点、异构网关 STM32 烧写过程及智能节点传感器类型配置。

3. 任务分组

教师将班级学生分成若干组，每组 3 人，轮值安排担任项目主管、1 号成套开发工程师、2 号成套开发工程师。以团队合作的方式完成实验，锻炼组内成员的协调、合作能力。学生任务分配见表 2-16。

表 2-16　学生任务分配

班级			组号	
项目经理			项目主管	
	学号	姓名	角色	任务分工
成员			项目主管	不参与任务操作，负责过程监督、质量评价
			1 号成套开发工程师	严格按照工作计划、实验步骤，完成可燃气体传感器、温湿度传感器、烟雾传感器对应的智能节点、异构网关 STM32 烧写过程及智能节点传感器类型配置
			2 号成套开发工程师	辅助 1 号成套开发工程师，完成可燃气体传感器、温湿度传感器、烟雾传感器对应的智能节点、异构网关 STM32 烧写过程及智能节点传感器类型配置实验操作，检查 1 号成套开发工程师实验结果的正确性
备注				

4. 制订工作计划

工作计划见表 2-17。

表 2-17 工作计划

阶段	时间	动作	要点	责任人	协助	物料
进行实验	实验前	准备以下物料： ① 工业节点 ② 异构网关 ③ ST-LINK ④ 10 针排线 ⑤ 计算机 ⑥ USB 延长线 ⑦ 迷你 USB 数据线	将所需要的物料准备齐全	2 号成套开发工程师	1 号成套开发工程师	工业节点、异构网关、ST-LINK、10 针排线、计算机、USB 延长线、迷你 USB 数据线
	实验中	按照实验步骤，准确完成实验	严格根据实验步骤和要求进行实验	1 号成套开发工程师	2 号成套开发工程师	
	实验后	检查智能节点屏幕是否正常显示传感器信息，将烧写过程中所用的设备进行收纳	认真检查显示的传感器信息是否正确	2 号成套开发工程师	1 号成套开发工程师	

5. 工作实施

1）安装烧写配置软件

（1）SmartRF Flash Programmer 软件程序安装

① 安装 SmartRF Flash Programmer。打开资料包目录"物联网场景设计与开发资料包 \3. 无线网络部分 \1. 开发环境 \ Setup_SmartRFProgr_1.12.5.exe"，双击文件，进行安装，然后单击 Next。安装示例如图 2-10 所示。

图 2-10 安装示例

② 默认安装到 C 盘文件夹"SmartRF Flash Programmer"中，在桌面建立 SmartRF Progr 快捷方式。

（2）STM32 ST-LINK Utility 软件安装

① 打开资料包目录"物联网场景设计与开发资料包 \4.STM32 部分 \1. 开发环境 \

ST-LINK V2 驱动程序 Win10"，单击 Next，安装驱动。

② 在 ST-LINK 仿真器第一次连接计算机时会提示安装驱动，在弹出的硬件向导中选"自动"，可自动完成硬件驱动安装。

③ 安装 ST-LINK Utility 烧写软件，双击安装包"STM32 ST-LINK Utility_v2.5.0.exe"，单击 Next，直到安装完成。

④ 安装完成后，计算机桌面上生成图标。驱动程序安装如图 2-11 所示。

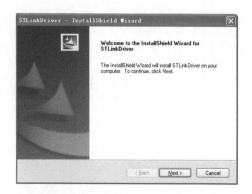

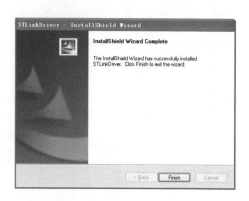

图 2-11　驱动程序安装

（3）生产配置工具软件安装

打开资料包目录"物联网场景设计与开发资料包\3.无线网络部分\生产配置工具"，将生产配置工具文件复制到计算机本地任意文件夹中，生成快捷方式。生产配置工具图标如图 2-12 所示。

图 2-12　生产配置工具图标

（4）智能节点参数设置软件安装

打开资料包目录"物联网场景设计与开发资料包\3.无线网络部分\智能节点参数设置软件"，将智能节点参数设置软件文件复制到计算机本地新建文件夹中，生成快捷方式。智能节点参数设置图标如图 2-13 所示。

图 2-13　智能节点参数设置图标

（2）实验步骤

（1）智能节点 STM32 烧写过程

① 将带屏工业节点、ST-LINK 和计算机连接，ST-LINK 排线端连接节点的 JTAG 接口，USB 端连接计算机。切换按钮按至锁止状态。连接示例如图 2-14 所示。

程序烧写接口

STM32/ 无线模块切换按钮

图 2-14　连接示例

② 在计算机桌面找到 STM32 ST-LINK Utility 快捷方式，双击打开。STM32 ST-LINK Utility 如图 2-15 所示。单击图 2-15 中图标 1 连接设备，之后单击图标 2 选择烧写文件，烧写文件见"物联网场景设计与开发资料包 \5. 烧写文件 \ 工业节点 M3 节点程序 –1+x.hex"。

③ 单击 Browse，选择烧写文件，再单击 Start，开始烧写。烧写过程如图 2-16 所示。

④ 按照上述方式将可燃气体传感器、温湿度传感器、烟雾传感器连接智能节点进行烧写。

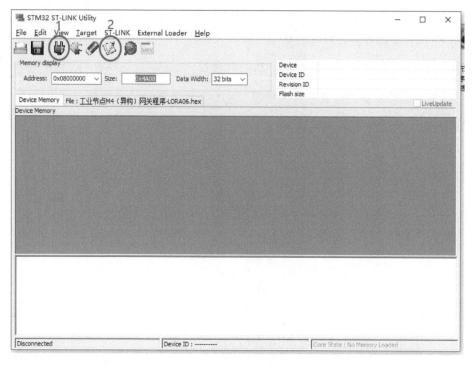

图 2-15　STM32 ST-LINK Utility

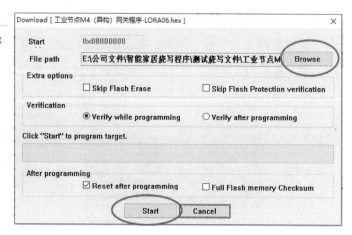

图 2-16　烧写过程

（2）异构网关 STM32 烧写过程

① 将异构网关、ST-LINK 和计算机连接，ST-LINK 排线端连接节点的 JTAG 接口，USB 端连接计算机，切换按钮按至锁止状态。异构网关硬件连接如图 2-17 所示。

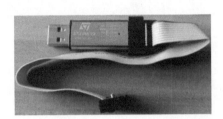

图 2-17 异构网关硬件连接

② 在计算机桌面找到 STM32 ST-LINK Utility 快捷方式，双击打开。文件选择如图 2-18 所示。单击图 2-18 中图标 1 连接设备，之后单击图标 2 选择烧写文件，烧写文件见"物联网场景设计与开发资料包 \5. 烧写文件 \ 工业节点 M4 网关 -1+x.hex"。

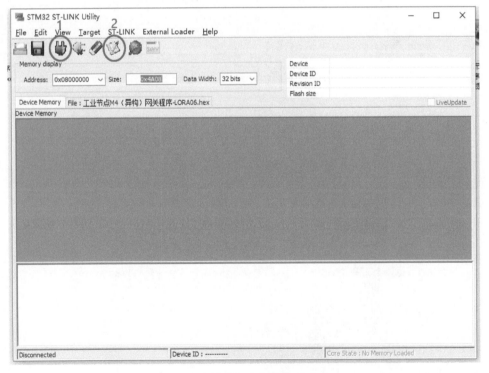

图 2-18 文件选择

③ 单击 Browse，选择烧写文件，再单击 Start，开始烧写。烧写过程如图 2-19 所示。

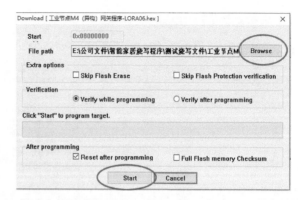

图 2-19　烧写过程

④ 智能节点传感器类型配置。

第一步：将迷你 USB 数据线与智能节点连接好。硬件连接如图 2-20 所示。

图 2-20　硬件连接

第二步：打开"智能节点参数设置程序"，选择串口号，单击连接。软件配置如图 2-21 所示。

图 2-21　软件配置

第三步：根据传感器类型选择配置接口，单击设置，然后查询右侧，显示配置的结果。软件配置如图 2-22 所示。

图 2-22　软件配置

⑤ 软硬件通道对应关系见表 2-18。

表 2-18　软硬件通道对应关系

硬件通道	实际通道	配置软件通道
PA4	GPIO_IO3	AIO 通道 3
PA5	GPIO_IO4	AIO 通道 4
PA6	GPIO_IO5	AIO 通道 5
PA7	GPIO_IO6	AIO 通道 6
PA11	GPIO_IO1	DIO 通道 1
PA12	GPIO_IO2	DIO 通道 2

6. 评价反馈

智慧家庭场景各节点 STM32 烧写过程及智能节点传感器类型配置实验 SOP 检查见表 2-19。

表 2-19　智慧家庭场景各节点 STM32 烧写过程及智能节点传感器类型配置实验 SOP 检查

姓名：		组别：	担任岗位：		总分：
客户家庭：陈先生				日期：	
序号	内容	检查要点		评分标准	扣分
1	配件连接	工业节点、ST-LINK 与计算机连接是否正确		1 分	
2	仿真器接口按键状态	工业节点仿真器接口按键状态是否正确		1 分	
3	烧写文件选择	是否正确选择工业节点及异构网关烧写文件		1 分	
4	配件连接	工业节点传感器配置线与计算机是否连接正确		1 分	

续表

序号	内容	检查要点	评分标准	扣分
5	智能节点显示	智能节点屏幕是否正常显示温湿度、烟雾、可燃气体	1分	

点评：

是否合格：□是　　　　□否

评价者：项目主管　　　　　　　　教师

说明：①未完成，扣除当前所有分数；②已完成但出现错误，根据实际情况，酌情扣分；③累计扣除的分数超过总分数的一半，视为不合格

7. 个人反思与总结

任务二　智慧家庭场景各节点 ZigBee 烧写过程及配置实验

1. 情境描述

根据陈先生的实际需求，"生态 200" 团队在物联网场景设计与开发平台上，进行可燃气体传感器、温湿度传感器、烟雾传感器对应的智能节点及异构网关 ZigBee 烧写过程，以及无线传感网 ZigBee 网关与节点配置。

2. 任务目标

① 智能节点及异构网关 ZigBee 烧写过程。

② 无线传感网 ZigBee 网关与节点配置。

3. 任务分组

教师将班级学生分成若干组，每组 3 人，轮值安排担任项目主管、1 号成套开发工程师、2 号成套开发工程师。以团队合作的方式完成实验，锻炼组内成员的协调、合作能力。学生任务分配见表 2-20。

表2-20 学生任务分配

班级			组号	
项目经理			项目主管	
成员	学号	姓名	角色	任务分工
			项目主管	不参与任务操作，负责过程监督、质量评价
			1号成套开发工程师	严格按照工作计划、实验步骤，完成可燃气体传感器、温湿度传感器、烟雾传感器对应的智能节点、异构网关ZigBee烧写过程及配置
			2号成套开发工程师	辅助1号成套开发工程师，完成可燃气体传感器、温湿度传感器、烟雾传感器对应的智能节点、异构网关ZigBee烧写过程及配置实验操作，检查1号成套开发工程师实验结果的正确性
备注				

4. 制订工作计划

工作计划见表2-21。

表2-21 工作计划

阶段	时间	动作	要点	责任人	协助	物料
进行实验	实验前	准备以下物料： ① 工业节点 ② 异构网关 ③ CC Debug 仿真器 ④ 10 针排线 ⑤ 计算机 ⑥ 迷你 USB 数据线 ⑦ ZigBee 配置器	将所需的物料准备齐全	2号成套开发工程师	1号成套开发工程师	工业节点、异构网光、CC Debug 仿真器、10针排线、计算机、迷你 USB 数据线、ZigBee 配置器
	实验中	按照实验步骤，准确完成实验	严格根据实验步骤和要求进行实验	1号成套开发工程师	2号成套开发工程师	
	实验后	检查异构网关 ZigBee PANID、DestID，工业节点 PANID、DestID 是否配置正确，将实验所用的设备进行收纳	检查结果，将设备整理好	2号成套开发工程师	1号成套开发工程师	

5. 工作实施

（1）智能节点及异构网关 ZigBee 烧写过程

① 实验设备上电后，将 CC Debug 仿真器的一端接 10 针排线，另一端接迷你 USB

数据线，并将排线端插入带屏工业节点 JTAG 接口，迷你 USB 端连接计算机。然后，切换按钮弹起状态。连接示例如图 2-23 所示。

程序烧写接口

STM32/ 无线模块切换按钮

图 2-23　连接示例

② 打开 SmartRF 烧写程序，按下 CC Debugger 调试器的复位按钮，烧写器的红灯变绿，选择 ZigBee 烧写文件，烧写文件见"物联网场景设计与开发资料包\5.烧写文件\烧写文件.hex"。

需要注意的是，如果烧写器的指示灯为红色，请检查排线和串口，并按一下仿真器的 RESET 键。烧写过程如图 2-24 所示。

📄 烧写文件.hex

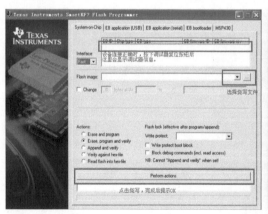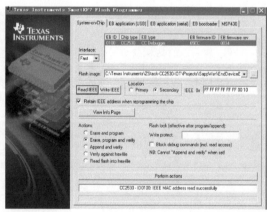

图 2-24　烧写过程

（2）无线传感网 ZigBee 网关及节点配置

① 连接 ZigBee 配置器到计算机。

② 打开配置软件，软件在"物联网场景设计与开发资料包\目录 STM32 部分"的开发环境中。

③ 选择对应串口号，填充默认 PANID 编号为 1220。

④ 单击软件"搜索"按钮。串口、PANID 填写如图 2-25 所示。

图 2-25 串口、PANID 填写

⑤ 双击列表中显示的模块内容，下方配置栏自动填写相关设置信息。硬件搜索如图 2-26 所示。

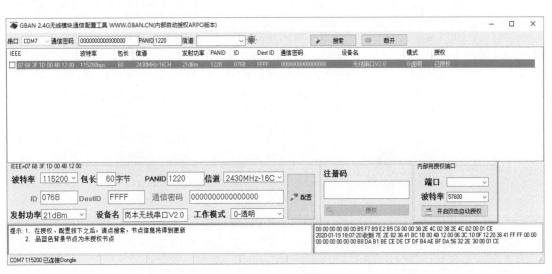

图 2-26 硬件搜索

⑥ 查看设备名牌确认出厂编号，如果设备编号为 1225，那么配置软件上 PANID 和 DestID 的值分别为 1225 和 1225。配置软件如图 2-27 所示。

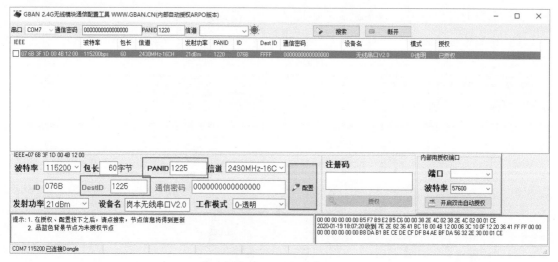

图 2-27　配置软件

⑦ 单击配置按钮，完成节点配置。然后单击菜单栏"断开"按钮设置搜索 PANID 为 1225，单击"搜索"，确认节点能正常显示，配置完成。配置验证如图 2-28 所示。

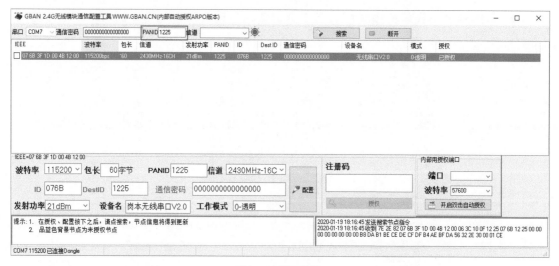

图 2-28　配置验证

⑧ 前两步操作配置主机模块，PANID 和已配置从机 PANID 必须同为 1225；主机配置 ID 必须与 PANID 参数相同，其值设置为 1225；主机配置 DestID 必须为 FFFF。硬件配置如图 2-29 所示。

⑨ 配置成功的验证步骤和从机相同，请参考从机验证步骤。配置验证如图 2-30 所示。

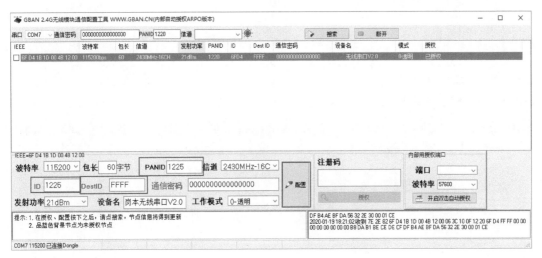

图 2-29 硬件配置

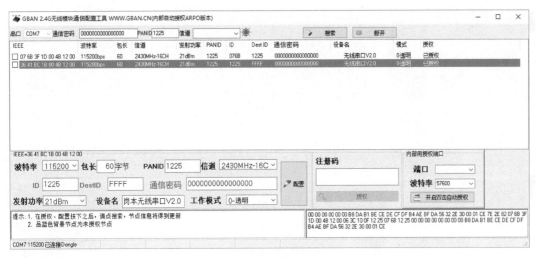

图 2-30 配置验证

6. 评价反馈

智慧家庭场景各节点 ZigBee 烧写过程及配置实验 SOP 检查见表 2–22。

表 2–22 智慧家庭场景各节点 ZigBee 烧写过程及配置实验 SOP 检查

姓名：		组别：	担任岗位：	总分：	
客户家庭：陈先生				日期：	
序号	内容	检查要点		评分标准	扣分
1	线路连接	CC Debug 仿真器、迷你 USB 数据线与计算机连接是否正确		1 分	
2	异构网关配置	异构网关 PANID、DestID 是否配置正确		1 分	
3	工业节点配置	工业节点 PANID 是否配置正确		1 分	

点评：
是否合格：□是　　　□否
评价者：项目主管　　　　　　　教师
说明：①未完成，扣除当前所有分数；②已完成但出现错误，根据实际情况，酌情扣分；③累计扣除的分数超过总分数的一半，视为不合格

7. 个人反思与总结

模块三

智慧家庭场景 Android 应用传感器开发实验

智慧家庭场景包含智能家居、智能安防、智能娱乐 3 个子系统。

环境监测是智能家居子系统的重要组成部分，该系统为智能家居子系统提供环境感知服务。通过采集环境类传感器数据，并将数据以用户界面（User Interface，UI）图片或数字、文字的方式展示，为用户提供实时的环境数据参考，并为智能家居子系统中的联动控制逻辑提供数据支持。智能家居功能界面如图 2-31 所示。

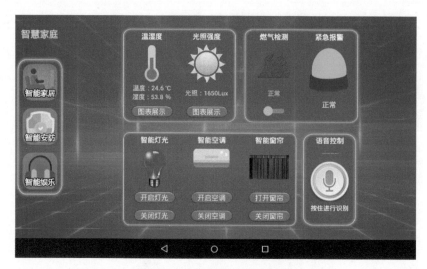

图 2-31　智能家居功能界面

对环境进行实时监测，监测的具体参数包括温湿度、光照强度、燃气等。将参数和保存的温湿度、光照强度等历史数据制作成图表。

对家居环境内的电器进行控制，控制的设备或装置包括灯光、空调、窗帘等。

使用语音识别技术对家居环境内的电器进行控制。

下面从物联网层次结构分析智慧家庭场景中的数据传输过程。

① 搭载了传感器的智能节点，采集传感器数据并加入无线网络，与异构网关中的网关协调器组成无线网络，通过无线网络进行数据传输。

② 异构网关中的网关协调器收到智能节点的传感器数据后，通过串口将数据发送给物联网网络中间件。

③ 物联网网络中间件建立客户机 / 服务器（Client/Server，C/S）架构下的服务器，并将接收到的网关协调器的传感器数据实时推送给嵌入式中控客户端。

④ 嵌入式中控客户端调用 C/S 架构下的客户端接口，实现传感器实时数据显示等功能。

智慧家庭场景的数据流示意如图 2-32 所示。智慧家庭场景相关通信协议见表 2-23。

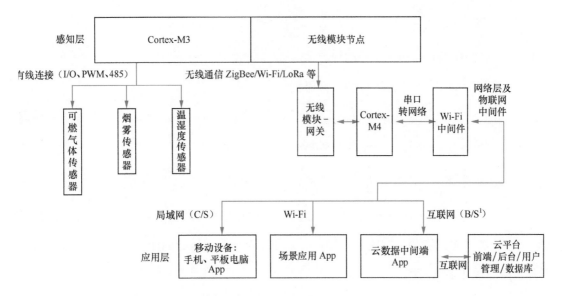

1. B/S 即浏览器 / 服务器模式，是 Browser 与 Server 的缩写。

图 2-32　智慧家庭场景的数据流示意

表 2-23　智慧家庭场景相关通信协议

传感器	大类型	大类型值	地址	数据类型	数据说明
可燃气体传感器	I/O 类	0x01	0x0002	布尔型	告警值：1，有；0，无
温湿度传感器	通信类	0x03	0x0002	浮点型	温度值，单位为℃ 湿度值，单位为 %
烟雾传感器	I/O 类	0x01	0x0001	布尔型	告警值：1，有；0，无

在进入"模块三　智慧家庭场景 Android 应用传感器开发实验"学习前，需先完成"附录 1　Android 物联网综合应用开发"的学习。

任务一　智慧家庭场景基于 Android 应用可燃气体传感器开发实验

1. 情境描述

智慧家庭需要通过 Android 移动终端采集环境类可燃气体传感器数据，并将数据以用户界面（UI）图片或数字、文字的方式展示。

2. 任务目标

① 熟练使用 SmartExp 综合例程。

② 掌握 SmartExp 综合例程的运行流程。

③ 分析并根据通信协议，使用 SmartExp 示例，在 Android 嵌入式中控网关上编写采集可燃气体传感器数据显示的 Android 程序。

3. 任务分组

教师将班级学生分成若干组，每组 3 人，轮值安排担任项目主管、1 号成套开发工程师、2 号成套开发工程师。以团队合作的方式完成实验，锻炼组内成员的协调、合作能力。学生任务分配见表 2-24。

表 2-24　学生任务分配

班级			组号	
项目经理			项目主管	
成员	学号	姓名	角色	任务分工
			项目主管	不参与任务操作，负责过程监督、质量评价
			1 号成套开发工程师	严格按照实验步骤，完成可燃气体传感器开发实验操作
			2 号成套开发工程师	辅助 1 号成套开发工程师，完成可燃气体传感器开发实验操作
备注				

4. 制订工作计划

工作计划见表 2-25。

表 2-25　工作计划

阶段	时间	动作	要点	责任人	协助	物料
进行实验	实验前	1. 硬件 ①准备 Cortex 嵌入式终端、计算机（一台）、迷你 USB 数据线（一根） ②物联网无线节点 ③可燃气体传感器 ④四合一物联网无线网关 2. 软件 ①计算机操作系统 Windows（7、10） ② Android Studio 开发环境	①硬件和软件系统搭建完成是实验进行的基础 ②检查硬件、软件准备是否齐全	2 号成套开发工程师	1 号成套开发工程师	计算机、迷你 USB 数据线、无线节点、无线网关、可燃气体传感器

续表

阶段	时间	动作	要点	责任人	协助	物料
进行实验	实验中	按照实验步骤，准确完成可燃气体传感器开发实验	严格根据实验步骤和要求进行实验	1号成套开发工程师	2号成套开发工程师	计算机、迷你USB数据线、无线节点、无线网关、可燃气体传感器
	实验后	检查实验结果是否显示有告警，燃气泄漏	根据实验对象的不同，详细检查实验结果的正确性	2号成套开发工程师	1号成套开发工程师	

5. 工作实施

（1）任务分析

实验所需设备如图2-33所示。

图2-33　实验所需设备

通过分析通信协议的内容，得出以下信息。

① 可燃气体传感器大类型为0x01，子类型为0x02，数据类型为0x01（Bool型）。

② 可燃气体传感器完整协议数据格式分析见表2-26。

表2-26　可燃气体传感器完整协议数据格式分析

包头	帧长度	地址域				功能域	数据类型
byte0	byte1	byte2	byte3	byte4	byte5	byte6	byte7
0xBB	0x14	0x01	0x00	0x02	0x00	0x03	0x01

数据域						网关ID				校验域	
byte8	byte9	byte10	byte11	byte12	byte13	byte14	byte15	byte16	byte17	byte18	byte19
0x00	0x00	0x00	0x00	0x00	告警值	ID_1	ID_2	ID_3	ID_4	CRC_低	CRC_高

③ 告警值：0表示正常，1表示异常。

④ 为达到实验目的，在实验工程中，需在主布局文件（activity_main.xml）中添加TextView，显示可燃气体传感器的数值。在主活动（MainActivity.java）中，添加数据判断处理代码。

（2）实验步骤

① 修改主布局文件（activity_main.xml），添加TextView组件，显示传感器数据，

具体如下。

```xml
<?xml version="1.0" encoding="utf-8"?>
<LinearLayout xmlns:android="http://schemas.×××.com/apk/res/android"
    android:layout_width="match_parent"
    android:layout_height="match_parent"
    android:gravity="center"
    android:orientation="vertical">

    <TextView
        android:layout_width="wrap_content"
        android:layout_height="wrap_content"
        android:text=""
        android:id="@+id/txt_data"
        android:textSize="30sp"
        android:textColor="#000"/>
</LinearLayout>
```

② 修改主活动（MainActivity.java）中的 dataDispose 方法，解析有效传感器数据包，解析完成后在界面当中显示，具体如下。

```java
// 处理接收的数据包
private void dataDispose(byte[] Packet) {
    if (Packet[2] == DataConstants.DEVTYPE_IO && Packet[6] == DataConstants.CMD_INTERVAL) {
        byte[] data = new byte[6];
        for (int i = 0; i < data.length; i++) {
            data[i] = Packet[8 + i];
        }
        switch (Packet[4]) {
            case DataConstants.SENSOR_IO_GAS:
                showGas(data);
                break;
        }
    }
}

private void showGas(byte[] Packet) {
    TextView txt_data = (TextView)findViewById(R.id.txt_data);

    if (Packet[5] == 0x01) {
        txt_data.setText(" 燃气：有告警 – 有泄漏 ");
    } else if (Packet[5] == 0x00){
        txt_data.setText(" 燃气：无告警 – 无泄漏 ");
    }
}
```

（3）实验结果

实验结果如图 2-34 所示。

图 2-34　实验结果

（4）实验源码

详见物联网场景设计与开发资料包＼2.AppExample 中："1.1.1–SmartExp–gas.rar"。

6. 评价反馈

智慧家庭场景可燃气体传感器开发实验 SOP 检查见表 2–27。

表 2–27　智慧家庭场景可燃气体传感器开发实验 SOP 检查

姓名：		组别：	担任岗位：	日期：	总分：
序号	内容	检查要点		评分标准	扣分
1	Android 调试接口连线	分别检查计算机、Android 嵌入式中控网关是否正确连接迷你 USB 数据线		2 分	
2	导入工程，并连接物联网中间件成功	运行 SmartExp 工程时，是否提示"连接成功"		2 分	
3	结果显示	根据步骤，完成 SmartExp 工程代码编写，运行工程。改变传感器状态，查看运行工程界面，查看传感器数据与真实状态是否相符		6 分	

点评：

是否通过：□是　　　□否

评价者：项目主管　　　　　　　教师

说明：①未完成，扣除当前所有分数；②已完成但出现错误，根据实际情况，酌情扣分；③累计扣除的分数超过总分数的一半，视为不合格

7. 个人反思与总结

任务二 智慧家庭场景基于 Android 应用温湿度传感器开发实验

1. 情境描述

智慧家庭需要通过 Android 移动终端采集环境类温湿度传感器数据，并将数据以用户界面（UI）图片或数字、文字的方式展示。

2. 任务目标

① 熟练使用 SmartExp 综合例程。

② 掌握 SmartExp 综合例程的运行流程。

③ 分析并根据通信协议，使用 SmartExp 示例，在 Android 嵌入式中控网关上编写温湿度传感器数据显示的 Android 程序。

3. 任务分组

教师将班级学生分成若干组，每组 3 人，轮值安排担任项目主管、1 号成套开发工程师、2 号成套开发工程师。以团队合作的方式完成实验，锻炼组内成员的协调、合作能力。学生任务分配见表 2-28。

表 2-28 学生任务分配

班级			组号	
项目经理			项目主管	
成员	学号	姓名	角色	任务分工
			项目主管	不参与任务操作，负责过程监督、质量评价
			1 号成套开发工程师	严格按照实验步骤，完成温湿度传感器开发实验操作
			2 号成套开发工程师	辅助 1 号成套开发工程师，完成温湿度传感器开发实验操作
备注				

4. 制订工作计划

工作计划见表 2-29。

表 2-29 工作计划

阶段	时间	动作	要点	责任人	协助	物料
进行实验	实验前	1. 硬件 ① 准备 Cortex 嵌入式终端、计算机（一台）、迷你 USB 数据线（一根） ② 物联网无线节点 ③ 温湿度传感器 ④ 四合一物联网无线网关 2. 软件 ① 计算机操作系统 Windows（7、10） ② Android Studio 开发环境	① 硬件和软件系统搭建完成是实验进行的基础 ② 检查硬件、软件准备是否齐全	2 号成套开发工程师	1 号成套开发工程师	计算机、迷你 USB 数据线、无线节点、无线网关、温湿度传感器
	实验中	按照实验步骤，准确完成温湿度传感器开发实验	严格根据实验步骤和要求进行实验	1 号成套开发工程师	2 号成套开发工程师	
	实验后	检查实验结果是否显示温湿度数值	根据实验对象的不同，详细检查实验结果的正确性	2 号成套开发工程师	1 号成套开发工程师	

5. 工作实施

（1）任务分析

实验所需设备如图 2-35 所示。

通过分析通信协议的内容，得出以下结论。

① 温湿度传感器大类型为 0x03，子类型为 0x03，数据类型为浮点型 0x03（浮点）。

图 2-35 实验所需设备

② 温度完整协议数据格式分析见表 2-30。湿度完整协议数据格式分析见表 2-31。

表 2-30 温度完整协议数据格式分析

包头	帧长度	地址域				功能域	数据类型
byte0	byte1	byte2	byte3	byte4	byte5	byte6	byte7
0xBB	0x14	0x03	0x00	0x02	0x00	0x03	0x03

数据域						网关 ID				校验域	
byte8	byte9	byte10	byte11	byte12	byte13	byte14	byte15	byte16	byte17	byte18	byte19
0：正温度 1：负温度	0x00	温度值 1	温度值 2	温度值 3	温度值 4	ID_1	ID_2	ID_3	ID_4	CRC_低	CRC_高

表 2-31 湿度完整协议数据格式分析

包头	帧长度	地址域				功能域	数据类型
byte0	byte1	byte2	byte3	byte4	byte5	byte6	byte7
HEAD	LENGTH	大类型	子类型高	子类型低	索引	CMD	DATA TYPE
0xBB	0x14	0x03	0x00	0x03	0x00	0x03	0x03

数据域						网关ID		网关ID		校验域	
byte8	byte9	byte10	byte11	byte12	byte13	byte14	byte15	byte16	byte17	byte18	byte19
DATA						VERIFICATION		DATA		VERIFICATION	
0x00	0x00	湿度值1	湿度值2	湿度值3	湿度值4	ID_1	ID_2	ID_3	ID_3	CRC低	CRC高

③ 为达到实验目的，在实验工程中，需在主布局文件（activity_main.xml）中添加TextView，显示温湿度传感器的数值。在主活动（MainActivity.java）中，添加数据判断处理的代码。

（2）实验步骤

① 修改主布局文件（activity_main.xml），添加TextView组件，显示传感器数据，具体如下。

```xml
<?xml version="1.0" encoding="utf-8"?>
<LinearLayout xmlns:android="http://schemas.×××.com/apk/res/android"
    android:layout_width="match_parent"
    android:layout_height="match_parent"
    android:gravity="center"
    android:orientation="vertical">

    <TextView
        android:layout_width="wrap_content"
        android:layout_height="wrap_content"
        android:text=""
        android:id="@+id/txt_data1"
        android:textSize="30sp"
        android:textColor="#000"/>

    <TextView
        android:layout_width="wrap_content"
        android:layout_height="wrap_content"
        android:text=""
        android:id="@+id/txt_data2"
        android:textSize="30sp"
        android:textColor="#000"/>
</LinearLayout>
```

② 修改主活动（MainActivity.java）中的 dataDispose 方法，解析有效传感器数据包，解析完成后在界面当中显示，具体如下。

```java
// 处理接收的数据包
    private void dataDispose(byte[] Packet) {
        if (Packet[2] == DataConstants.DEVTYPE_485 && Packet[6] == DataConstants.CMD_INTERVAL) {
            byte[] data = new byte[6];
            for (int i = 0; i < data.length; i++) {
                data[i] = Packet[8 + i];
            }
            switch (Packet[4]) {
                case DataConstants.SENSOR_485_TEMP:
                    showTemp(data);
                    break;
                case DataConstants.SENSOR_485_HUMI:
                    showHumi(data);
                    break;
            }
        }
    }


    // 显示温度
    private void showTemp(byte[] Packet) {
        float ftemp = (((Packet[2] & 0xFF) * 256 + (Packet[3] & 0xFF))
                * 65536 + (Packet[4] & 0xFF) * 256 + (Packet[5] & 0xFF)) / 10000.0f;
        if (Packet[0] == 1) {
            ftemp *= -1;
        }
        DecimalFormat formater = new DecimalFormat("#0.0");

        TextView txt_data1 = (TextView)findViewById(R.id.txt_data1);
        txt_data1.setText(" 温度值：" + formater.format(ftemp) + " ℃ ");
    }

    // 显示湿度
    private void showHumi(byte[] Packet) {
        float fhumi = (((Packet[2] & 0xFF) * 256 + (Packet[3] & 0xFF))
                * 65536 + (Packet[4] & 0xFF) * 256 + (Packet[5] & 0xFF)) / 10000.0f;
        DecimalFormat formater = new DecimalFormat("#0.0");

        TextView txt_data2 = (TextView)findViewById(R.id.txt_data2);
        txt_data2.setText(" 湿度值：" + formater.format(fhumi) + " % ");
    }
```

（3）实验结果

实验结果如图 2-36 所示。

图 2-36　实验结果

（4）实验源码

详见物联网场景设计与开发资料包\2.AppExamples 中："1.1.2-SmartExp-temphumi.rar"。

6. 评价反馈

智慧家庭场景温湿度传感器开发实验 SOP 检查见表 2-32。

表 2-32　智慧家庭场景温湿度传感器开发实验 SOP 检查

姓名：		组别：	担任岗位：	日期：	总分：
序号	内容		检查要点	评分标准	扣分
1	Android 调试接口连线		分别检查计算机、Android 嵌入式中控网关是否正确连接迷你 USB 数据线	2 分	
2	导入工程，并连接物联网中间件成功		运行 SmartExp 工程时，是否提示"连接成功"	2 分	
3	结果显示		根据步骤，完成 SmartExp 工程代码编写，运行工程。改变传感器状态，查看运行工程界面，查看传感器数据与真实状态是否相符	6 分	

点评：

是否通过：□是　　　□否

评价者：项目主管　　　　　　　　　　　教师

说明：①未完成，扣除当前所有分数；②已完成但出现错误，根据实际情况，酌情扣分；③累计扣除的分数超过总分数的一半，视为不合格

7. 个人反思与总结

任务三 智慧家庭场景基于 Android 应用烟雾传感器开发实验

1. 情境描述

智慧家庭需要通过 Android 移动终端采集环境类烟雾传感器数据，并将数据以用户界面（UI）图片或数字、文字的方式展示。

2. 任务目标

① 熟练使用 SmartExp 综合例程。

② 掌握 SmartExp 综合例程的运行流程。

分析并根据通信协议，使用 SmartExp 示例，在 Android 嵌入式中控网关上编写采集烟雾传感器数据显示的 Android 程序。

3. 任务分组

教师将班级学生分成若干组，每组 3 人，轮值安排担任项目主管、1 号成套开发工程师、2 号成套开发工程师。以团队合作的方式完成实验，锻炼组内成员的协调、合作能力。学生任务分配见表 2-33。

表 2-33 学生任务分配

班级			组号	
项目经理			项目主管	
成员	学号	姓名	角色	任务分工
			项目主管	不参与任务操作，负责过程监督、质量评价
			1 号成套开发工程师	严格按照实验步骤，完成烟雾传感器开发实验操作
			2 号成套开发工程师	辅助 1 号成套开发工程师，完成烟雾传感器开发实验操作
备注				

4. 制订工作计划

工作计划见表 2-34。

表 2-34　工作计划

阶段	时间	动作	要点	责任人	协助	物料
进行实验	实验前	1. 硬件 ①准备 Cortex 嵌入式终端、计算机（一台）、迷你 USB 数据线（一根） ②物联网无线节点 ③烟雾传感器 ④四合一物联网无线网关 2. 软件 ①计算机操作系统 Windows（7、10） ② Android Studio 开发环境	硬件和软件系统搭建完成是实验进行的基础。检查硬件、软件准备是否齐全	2 号成套开发工程师	1 号成套开发工程师	计算机、迷你 USB 数据线、无线节点、无线网关、烟雾传感器
	实验中	按照实验步骤，准确完成烟雾传感器开发实验	严格根据实验步骤和要求进行实验	1 号成套开发工程师	2 号成套开发工程师	
	实验后	检查实验结果是否显示存在烟雾告警	根据实验对象的不同，详细检查实验结果的正确性	2 号成套开发工程师	1 号成套开发工程师	

5. 工作实施

（1）任务分析

实验所需设备如图 2-37 所示。

通过分析通信协议的内容，得出以下结论。

图 2-37　实验所需设备

① 烟雾传感器大类型为 0x01，子类型为 0x01，数据类型为 0x01（Bool 型）。

② 烟雾传感器完整协议数据格式分析见表 2-35。

表 2-35　烟雾传感器完整协议数据格式分析

包头	帧长度	地址域				功能域	数据类型
byte0	byte1	byte2	byte3	byte4	byte5	byte6	byte7
0xBB	0x14	0x01	0x00	0x01	0x00	0x03	0x01

数据域						网关 ID				校验域	
byte8	byte9	byte10	byte11	byte12	byte13	byte14	byte15	byte16	byte17	byte18	byte19
0x00	0x00	0x00	0x00	0x00	告警值	ID_1	ID_2	ID_3	ID_4	CRC_ 低	CRC_ 高

③ 告警值：0 表示正常，1 表示异常。

④ 为达到实验目的，在实验工程中，需在主布局文件（activity_main.xml）中添加 TextView，显示烟雾传感器的数值。在主活动（MainActivity.java）中，添加数据判断处理的代码。

（2）实验步骤

① 修改主布局文件（activity_main.xml），添加 TextView 组件，显示传感器数据，具体如下。

```xml
<?xml version="1.0" encoding="utf-8"?>
<LinearLayout xmlns:android="http://schemas.×××.com/apk/res/android"
    android:layout_width="match_parent"
    android:layout_height="match_parent"
    android:gravity="center"
    android:orientation="vertical">

    <TextView
        android:layout_width="wrap_content"
        android:layout_height="wrap_content"
        android:text=""
        android:id="@+id/txt_data"
        android:textSize="30sp"
        android:textColor="#000"/>
</LinearLayout>
```

② 修改主活动（MainActivity.java）中的 dataDispose 方法，解析有效传感器数据包，解析完成后在界面中显示，具体如下。

```java
// 处理接收的数据包
    private void dataDispose(byte[] Packet) {
        if (Packet[2] == DataConstants.DEVTYPE_IO && Packet[6] == DataConstants.CMD_INTERVAL) {
            byte[] data = new byte[6];
            for (int i = 0; i < data.length; i++) {
                data[i] = Packet[8 + i];
            }
            switch (Packet[4]) {
                case DataConstants.SENSOR_IO_SMOG:
                    showSmog(data);
                    break;
            }
        }
    }

    private void showSmog(byte[] Packet) {
        TextView txt_data = (TextView)findViewById(R.id.txt_data);

        if (Packet[5] == 0x01) {
            txt_data.setText(" 烟雾监测：有烟雾告警 ");
        } else if (Packet[5] == 0x00){
            txt_data.setText(" 烟雾监测：无烟雾告警 ");
        }
    }
```

（3）实验结果

实验结果如图 2-38 所示。

图 2-38　实验结果

（4）实验源码

详见物联网场景设计与开发资料包 \2.AppExamples 中："1.1.3-SmartExp-smog.rar"。

6. 评价反馈

智慧家庭场景烟雾传感器开发实验 SOP 检查见表 2-36。

表 2-36　智慧家庭场景烟雾传感器开发实验 SOP 检查

姓名：		组别：	担任岗位：	日期：	总分：
序号	内容	检查要点		评分标准	扣分
1	Android 调试接口连线	分别检查计算机、Android 嵌入式中控网关是否正确连接迷你 USB 数据线		2 分	
2	导入工程，并连接物联网中间件成功	运行 SmartExp 工程时，是否提示"连接成功"		2 分	
3	结果显示	根据步骤，完成 SmartExp 工程代码编写，运行工程。改变传感器状态，查看运行工程界面，查看传感器数据与真实状态是否相符		6 分	

点评：

是否通过：□是　　　□否

评价者：项目主管　　　　　　　　　教师

说明：①未完成，扣除当前所有分数；②已完成但出现错误，根据实际情况，酌情扣分；③累计扣除的分数超过总分数的一半，视为不合格

7. 个人反思与总结

项目三 智能门禁系统应用实验

● 项目背景

在安装调试的过程中，陈先生找到项目经理，提出新需求，想将家里的门锁换成可以刷卡的锁，解决不方便携带钥匙的问题。根据陈先生的实际需求，海尔智家智能家庭团队为其安装了射频识别（Radio Frequency Identification，RFID）读卡器、电磁锁执行器，达到便捷开门的目的。

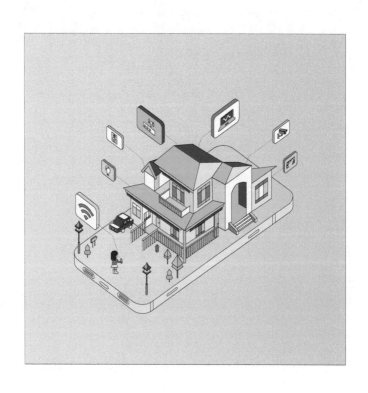

模块一

智能门禁系统接线实验

任务一 智能门禁系统 RFID 读卡器接线实验

1. 情境描述

根据陈先生的实际需求，智能家庭团队在物联网场景设计与开发平台上，把 RFID 读卡器接到智能节点正确的接口上。

2. 任务目标

① 掌握 RFID 读卡器的基本参数、工作原理、应用领域。

② 正确完成智能节点与 RFID 读卡器的接线。

3. 知识链接

（1）RFID 读卡器的基本参数

RFID 读卡器基本参数见表 3-1。

表 3-1　RFID 读卡器基本参数

工作频率	125kHz/13.56MHz（Mifare）
读卡距离	5 ～ 15cm，2 ～ 6cm
数据接口	RS485/Wiegand
通信速率	19200bit/s 为预设值（可调整区域为 4800 ～ 115200bit/s）
反破坏开关	内置
指示灯	1 个 LED
读卡时间	0.1s（典型值）
工作电压	DC 8 ～ 15V
工作功率	0.5 ～ 2W
操作温度	−20℃～ 70℃
尺寸	75mm×115mm×16mm
订购信息	SYRDS1-BSY/GSY 基本型读卡器 -EM，象牙白 / 灰色 SYRDS1-M1-BSY/GSY 基本型读卡器 -Mifare，象牙色 / 灰色

（2）RFID 读卡器接线的工作原理

RFID 读卡器接线工作原理如图 3-1 所示，传感器底盒引出 4 根线缆，红线接工业节点 +VIN 接口，黑线接地，黄线接 485A 口，绿线接 485B 口。

（3）RFID 读卡器的应用领域

RFID 读卡器应用广泛，可用于一卡通、移动支付、二代身份证、服装生产线和物流系统的管理及应用、大型会议人员通道系统等。

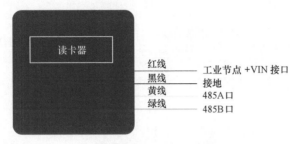

图 3-1 RFID 读卡器接线工作原理

4. 任务分组

教师将班级学生分成若干组，每组 3 人，轮值安排担任项目主管、1 号成套开发工程师、2 号成套开发工程师，以团队合作的方式完成实验，锻炼组内成员的协调、合作能力。学生任务分配见表 3-2。

表 3-2 学生任务分配

班级			组号	
项目经理			项目主管	
成员	学号	姓名	角色	任务分工
			项目主管	不参与任务操作，负责过程监督、质量评价
			1 号成套开发工程师	严格按照工作计划、实验步骤，完成 RFID 读卡器接线实验操作
			2 号成套开发工程师	辅助 1 号成套开发工程师，完成 RFID 读卡器接线实验操作，检查 1 号成套开发工程师实验结果的正确性
备注				

5. 制订工作计划

工作计划见表 3-3。

表 3-3 工作计划

阶段	时间	动作	要点	责任人	协助	物料
进行实验	实验前	智能节点与 RFID 读卡器处于没有线路连接的状态	必须保证智能节点与 RFID 读卡器处于没有线路连接的状态	2 号成套开发工程师	1 号成套开发工程师	螺丝刀（一套）、剥线钳（一把）、线材、万用表（一个）
	实验中	按照实验步骤，准确完成 RFID 读卡器接线实验	严格根据实验步骤和要求进行实验	1 号成套开发工程师	2 号成套开发工程师	

续表

阶段	时间	动作	要点	责任人	协助	物料
进行实验	实验后	检查实验结果是否正确，智能节点与RFID读卡器是否正确连接	根据实验对象的不同，详细检查实验结果的正确性	2号成套开发工程师	1号成套开发工程师	螺丝刀（一套）、剥线钳（一把）、线材、万用表（一个）

6. 工作实施

（1）实验步骤

① 分别拿出 RFID 读卡器、智能节点。

② 将 RFID 读卡器四芯线接到智能节点板上，接线示意如图 3-2 所示。

+12V
GND（接地线）
485A
485B

PWM[1]
GND

1. PWM（Pulse Width Modulation，脉冲宽度调制）。

图 3-2　接线示意

③ 线路连接说明见表 3-4。

表 3-4　线路连接说明

类型	接头	智能节点板接口
+12V	红色	智能节点板 +12V 接口
GND（接地线）	黑色	智能节点板 GND 接口
485A	黄色	智能节点板 458A 接口
485B	绿色	智能节点板 458B 接口

（2）实验结果

实验结果如图 3-2 所示。

7. 评价反馈

智能门禁系统 RFID 读卡器接线实验 SOP 检查见表 3-5。

表 3-5 智能门禁系统 RFID 读卡器接线实验 SOP 检查

姓名：		组别：	担任岗位：	总分：	
客户家庭：陈先生				日期：	
序号	内容	检查要点		评分标准	扣分
1	实验前设备状态	是否为断电接线的状态		1 分	
2	设备接线	连接整齐、布局规范、美观		3 分	
3	结果显示	智能节点与 RFID 读卡器的接线正确		1 分	
点评：					
是否合格：□是　　　□否					
评价者：项目主管　　　　　教师					
说明：①未完成，扣除当前所有分数；②已完成但出现错误，根据实际情况，酌情扣分；③累计扣除的分数超过总分数的一半，视为不合格					

8. 个人反思与总结

任务二　智能门禁系统电磁锁执行器接线实验

1. 情境描述

根据陈先生的实际需求，智能家庭团队在物联网场景设计与开发平台上，把电磁锁执行器接到智能节点正确的接口上。

2. 任务目标

① 掌握电磁锁执行器的基本参数、工作原理、应用领域。

② 正确完成智能节点与电磁锁执行器的接线。

3. 知识链接

（1）电磁锁执行器的基本参数

电磁锁执行器的基本参数见表 3-6。

表 3-6　电磁锁执行器的基本参数

产品类别	LY-01（常规款）	LY-01（长期通电）	LY-01（通电上锁）
使用电压	12V/24V 可选	12V/24V 可选	DC 12V
使用电流	12V/1.2A 24V/1.2A	12V/0.4A 24V/0.3A	12V/0.3A 24V/0.2A
通电时间	< 10s 不可长时间通电	可长时间通电	可长时间通电
锁舌行程	7mm 锁舌直径 8mm	7mm 锁舌直径 8mm	10mm 锁舌直径 10mm
锁舌吸力	≤ 1N	≤ 0.5N	≤ 0.5N
安全类型	通电缩回， 断电弹出	通电缩回， 断电弹出	通电弹出， 断电缩回
产品尺寸	55mm×38mm×28mm	55mm×38mm×28mm	55mm×41mm×28mm
使用材质	镀镍金属外壳/纯铜线圈		

（2）电磁锁执行器接线的工作原理

电磁锁执行器接线工作原理如图 3-3 所示，右边为电磁锁执行器尾部引出的两根线缆，分别为红色线和黑色线，红色线接到工业节点的 PWM 上，黑色线接到工业节点的 GND 上。

图 3-3　电磁锁执行器接线工作原理

（3）电磁锁执行器的应用领域

电磁锁的设计同电磁铁一样，利用电生磁的原理，当电流通过硅钢片时，电磁锁会产生强大的吸力，紧紧地吸住铁板，达到锁门的效果。电磁锁广泛应用在各种储物柜、小区门禁等场所，控制电磁锁电源的门禁系统识别人员与系统登记信息匹配后，即会断电，断电后电磁锁失去吸力即可开门。

4. 任务分组

教师将班级学生分成若干组，每组 3 人，轮值安排担任项目主管、1 号成套开发工程师、2 号成套开发工程师。以团队合作的方式完成实验，锻炼组内成员的协调、合作能力。学生任务分配见表 3-7。

表 3-7　学生任务分配

班级			组号	
项目经理			项目主管	
成员	学号	姓名	角色	任务分工
			项目主管	不参与任务操作，负责过程监督、质量评价
			1号成套开发工程师	严格按照工作计划、实验步骤，完成电磁锁执行器接线实验操作
			2号成套开发工程师	辅助1号成套开发工程师，完成电磁锁执行器接线实验操作，检查1号成套开发工程师实验结果的正确性
备注				

5. 制订工作计划

工作计划见表 3-8。

表 3-8　工作计划

阶段	时间	动作	要点	责任人	协助	物料
进行实验	实验前	智能节点与电磁锁执行器处于没有线路连接的状态	必须保证智能节点与电磁锁执行器处于没有线路连接的状态	2号成套开发工程师	1号成套开发工程师	螺丝刀（一套）、剥线钳（一把）、线材、万用表（一个）
	实验中	按照实验步骤，准确完成电磁锁执行器接线实验	严格根据实验步骤和实验要点进行实验	1号成套开发工程师	2号成套开发工程师	
	实验后	检查实验结果是否正确，智能节点与电磁锁执行器是否正确连接	详细检查实验结果的正确性	2号成套开发工程师	1号成套开发工程师	

6. 工作实施

（1）实验步骤

① 准备电磁锁执行器、智能节点。

② 将电磁锁执行器两芯线接到智能节点板上，接线示意如图 3-4 所示。

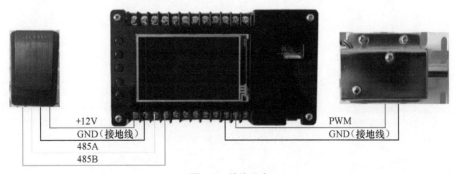

+12V
GND（接地线）
485A
485B

PWM
GND（接地线）

图 3-4　接线示意

③ 线路连接说明见表 3-9。

表 3-9　线路连接说明

类型	接头	智能节点板接口
PWM	红色接头	智能节点板 PWM 接口
GND（接地线）	黑色接头	智能节点板 GND 接口

（2）实验结果

实验结果如图 3-4 所示。

7. 评价反馈

智能门禁系统电磁锁执行器接线实验 SOP 检查见表 3-10。

表 3-10　智能门禁系统电磁锁执行器接线实验 SOP 检查

姓名：		组别：	担任岗位：		总分：
客户家庭：陈先生				日期：	
序号	内容	检查要点		评分标准	扣分
1	实验前设备状态	是否为断电接线的状态		1分	
2	设备接线	连接整齐、布局规范、美观		1分	
3	结果显示	智能节点与电磁锁执行器的接线正确		1分	
点评：					
是否合格：□是　　　□否					
评价者：项目主管　　　　　　　　教师					
说明：①未完成，扣除当前所有分数；②已完成但出现错误，根据实际情况，酌情扣分；③累计扣除的分数超过总分数的一半，视为不合格					

8. 个人反思与总结

模块二

智能门禁系统程序烧写与配置实验

任务一　安防系统各节点 STM32 烧写过程及传感器类型配置

安防系统各节点 STM32 烧写步骤与"项目二 智慧家庭场景应用实验"中"模块二 智慧家庭场景程序烧写与配置实验""任务一 智慧家庭场景各节点 STM32 烧写过程及智能节点传感器类型配置"步骤相同，软件配置需根据硬件接线通道设定，与上述"项目二 模块二 任务一"中涉及的实验与配置有所差异，智能节点参数设置程序如图 3-5 所示。

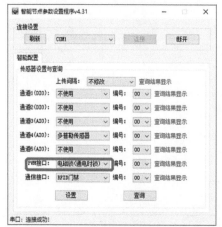 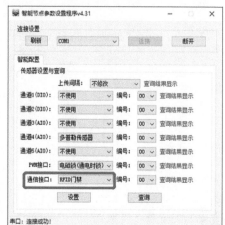

图 3-5　智能节点参数设置程序

任务二　安防系统各节点 ZigBee 烧写过程及配置实验

安防系统各节点 ZigBee 烧写步骤与"项目二 智慧家庭场景应用实验"中"模块二 智慧家庭场景程序烧写与配置实验""任务二 智慧家庭场景各节点 ZigBee 烧写过程及配置实验"相同，请参考烧写步骤完成烧写实验。

模块三

智能门禁系统 Android 应用开发实验

智能门禁系统的数据流向框架如图 3-6 所示。

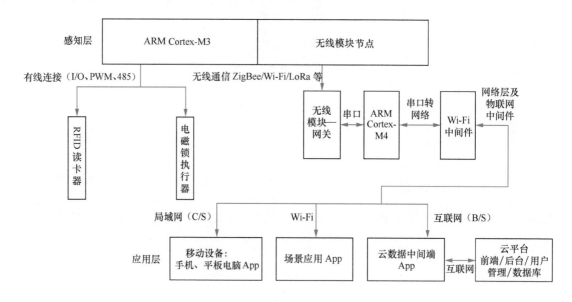

图 3-6　智能门禁系统的数据流向框架

智能门禁系统相关通信协议见表 3-11。

表 3-11　智能门禁系统相关通信协议

传感器	大类型	大类型值	地址	数据类型	数据说明
RFID 读卡器	通信类	0x03	0x0006	数组型	卡号1+ 卡号 2+ 卡号 3+ 卡号 4
电磁锁执行器	PWM 类	0x02	0x0003	布尔型	开锁：0x01；3 秒后，自动关锁

任务一　智能门禁系统基于 Android 应用 RFID 读卡器开发实验

1. 情境描述

在智能门禁系统场景中，需要通过 Android 移动终端采集 RFID 读卡器数据，并将数据以用户界面（UI）图片或数字、文字的方式展示。

2. 任务目标

① 熟练使用 SmartExp 综合例程。

② 掌握 SmartExp 综合例程运行流程。

③ 分析并根据通信协议，使用 SmartExp 示例，在 Android 嵌入式中控网关上编写采集 RFID 读卡器数据并显示的 Android 程序。

3. 任务分组

教师将班级学生分成若干组，每组 3 人，轮值安排担任项目主管、1 号成套开发工程师、2 号成套开发工程师。以团队合作的方式完成实验，锻炼组内成员的协调、合作能力。学生任务分配见表 3-12。

表 3-12　学生任务分配

班级			组号	
项目经理			项目主管	
成员	学号	姓名	角色	任务分工
			项目主管	不参与任务操作，负责过程监督、质量评价
			1 号成套开发工程师	严格按照实验步骤，完成 RFID 读卡器开发实验操作
			2 号成套开发工程师	辅助 1 号成套开发工程师，完成 RFID 读卡器开发实验操作
备注				

4. 制订工作计划

工作计划见表 3-13。

表 3-13　工作计划

阶段	时间	动作	要点	责任人	协助	物料
进行实验	实验前	准备好所需的硬件、软件环境	① 硬件和软件系统搭建完成是实验进行的基础 ② 检查硬件、软件准备是否齐全	2 号成套开发工程师	1 号成套开发工程师	1. 硬件 ① 准备 Cortex 嵌入式终端、计算机（一台）、迷你 USB 数据线（一根） ② 物联网无线节点 ③ RFID 读卡器 ④ RFID 卡片（14443） ⑤ 异构网关 2. 软件 ① 计算机操作系统 Windows（7、10） ② Android Studio 开发环境
	实验中	严格按照实验步骤，准确完成 RFID 读卡器开发实验	严格根据实验步骤和要求进行实验	1 号成套开发工程师	2 号成套开发工程师	
	实验后	检查实验结果（是否显示正确卡号）	根据实验对象的不同，详细检查实验结果的正确性	2 号成套开发工程师	1 号成套开发工程师	

5. 工作实施

（1）任务分析

实验所需设备如图 3-7 所示。

图 3-7　实验所需设备

通过分析通信协议的内容，得出以下信息。

① RFID 读卡器大类型为 0x03，子类型为 0x06，数据类型为整型 0x04（数组型）。

② RFID 读卡器完整协议数据格式分析见表 3-14。

表 3-14　RFID 读卡器完整协议数据格式分析

包头	帧长度	地址域				功能域	数据类型
byte0	byte1	byte2	byte3	byte4	byte5	byte6	byte7
0xBB	0x14	0x03	0x00	0x06	0x00	0x03	0x04

累计编号		卡号				网关 ID				校验域	
byte8	byte9	byte10	byte11	byte12	byte13	byte14	byte15	byte16	byte17	byte18	byte19
1～254	0x00	卡号 1	卡号 2	卡号 3	卡号 4	ID_1	ID_2	ID_3	ID_4	CRC_低	CRC_高

③ 为达到实验目的，在实验工程中，需在主布局文件（activity_main.xml）中添加 TextView，显示 RFID 读卡器读取卡号。在主活动（MainActivity.java）中，添加数据判断处代码。

（2）实验步骤

① 修改主布局文件（activity_main.xml），添加 TextView 组件，显示传感器数据，具体如下。

```xml
<?xml version="1.0" encoding="utf-8"?>
<LinearLayout xmlns:android="http://×××.android.com/apk/res/android"
    android:layout_width="match_parent"
    android:layout_height="match_parent"
    android:gravity="center">

    <TextView
        android:layout_width="wrap_content"
        android:layout_height="wrap_content"
```

```
            android:text=""
            android:id="@+id/txt_data"
            android:textSize="30sp"
            android:textColor="#000"/>

</LinearLayout>
```

② 修改主活动（MainActivity.java）中的 dataDispose 方法，解析有效传感器数据包，解析完成后在界面中显示，具体如下。

```
//RFID 标志
private byte byteRFIDFlag = (byte) 0xFF;
// 处理接收的数据包
private void dataDispose(byte[] Packet) {
    if (Packet[2] == DataConstants.DEVTYPE_485 && Packet[6] == DataConstants.CMD_INTERVAL) {
        byte[] data = new byte[6];
        for (int i = 0; i < data.length; i++) {
            data[i] = Packet[8 + i];
        }
        switch (Packet[4]) {
            case (byte)0x06:
                showRfid(data);
                break;
        }

    }
}

private void showRfid(byte[] Packet) {
    String strCardNum = "";
    byte[] byteCardNum = new byte[4];
    for (int i = 0; i < 4; i++) {
        byteCardNum[i] = Packet[2 + i];
    }
    strCardNum = DataFormat.bytes2HexString(byteCardNum);
    if (byteRFIDFlag == (byte) 0xFF || strCardNum.equals("00000000")) {
        byteRFIDFlag = Packet[0];
        return;
    } else if (byteRFIDFlag == Packet[0]) {
        return;
    } else if (byteRFIDFlag != Packet[0]) {
        byteRFIDFlag = Packet[0];
    }
    TextView txt_data = (TextView)findViewById(R.id.txt_data);
    txt_data.setText(" 卡号: " + strCardNum);
}
```

③ 在 showRfid 方法中，通过通信协议中的"编号"实现不显示默认数据"00000000"

的卡号，只显示真实卡号的功能。

（3）实验结果

实验结果如图 3-8 所示。

图 3-8　实验结果

（4）实验源码

详见物联网场景设计与开发资料包\2.AppExamples 中的"1.1.4SmartExp-rfid.rar"。

6. 评价反馈

智能门禁系统基于 Android 应用 RFID 读卡器开发实验 SOP 检查见表 3-15。

表 3-15　智能门禁系统基于 Android 应用 RFID 读卡器开发实验 SOP 检查

姓名：		组别：	担任岗位：	日期：		总分：
序号	内容		检查要点	评分标准	扣分	
1	Android 调试接口连线		分别检查计算机、Android 嵌入式中控网关是否正确连接迷你 USB 数据线	2 分		
2	导入工程，并连接物联网中间件成功		运行 SmartExp 工程时，是否提示"连接成功"	2 分		
3	结果显示		根据步骤，完成 SmartExp 工程代码编写，运行工程。改变传感器状态，查看运行工程界面，查看传感器数据与真实状态是否相符	6 分		
点评：						
是否通过：□是　　　　□否						
评价者：项目主管　　　　　　　　　　　教师						
说明：①未完成，扣除当前所有分数；②已完成但出现错误，根据实际情况，酌情扣分；③累计扣除的分数超过总分数的一半，视为不合格						

7. 个人反思与总结

任务二　智能门禁系统基于 Android 应用电磁锁执行器开发实验

1. 情境描述

在智能门禁系统场景中，需要通过 Android 移动终端控制电磁锁执行器，以单击用户界面（UI）图片或数字、按钮的方式，实现控制电磁锁。

2. 任务目标

① 熟练使用 SmartExp 综合例程。

② 掌握 SmartExp 综合例程的运行流程。

③ 分析并根据通信协议，使用 SmartExp 示例，在 Android 嵌入式中控网关上编写控制电磁锁的 Android 程序。

3. 任务分组

教师将班级学生分成若干组，每组 3 人，轮值安排担任项目主管、1 号成套开发工程师、2 号成套开发工程师。以团队合作的方式完成实验，锻炼组内成员的协调、合作能力。学生任务分配见表 3-16。

表 3-16　学生任务分配

班级			组号	
项目经理			项目主管	
成员	学号	姓名	角色	任务分工
			项目主管	不参与任务操作，负责过程监督、质量评价
			1 号成套开发工程师	严格按照实验步骤，完成电磁锁执行器开发实验操作
			2 号成套开发工程师	辅助 1 号成套开发工程师，完成电磁锁执行器开发实验操作
备注				

4. 制订工作计划

工作计划见表 3-17。

表 3-17　工作计划

阶段	时间	动作	要点	责任人	协助	物料
进行实验	实验前	准备好所需的硬件、软件环境	① 硬件和软件系统搭建完成是实验进行的基础 ② 检查硬件、软件准备是否齐全	2号成套开发工程师	1号成套开发工程师	1. 硬件 ① 准备 Cortex 嵌入式终端、计算机（一台）、迷你 USB 数据线（一根） ② 物联网无线节点 ③ 电磁锁 ④ 四合一物联网无线网关 2. 软件 ① 计算机操作系统 Windows（7、10） ② Android Studio 开发环境
	实验中	严格按照实验步骤，准确完成电磁锁开发实验	严格根据实验步骤和要求进行实验	1号成套开发工程师	2号成套开发工程师	
	实验后	检查电磁锁是否可以控制	根据实验对象的不同，详细检查实验结果的正确性	2号成套开发工程师	1号成套开发工程师	

5. 工作实施

（1）任务分析

实验所需设备如图 3-9 所示。

图 3-9　实验所需设备

通过分析通信协议的内容，得出以下信息。

① 电磁锁为控制类型，包头为 0xCC。

② 电磁锁大类型为 0x02，子类型为 0x03，功能码为 0x01，数据类型为 0x01（Bool型）。电磁锁完整协议数据格式分析见表 3-18。

表 3-18　电磁锁完整协议数据格式分析

包头	帧长度	地址域				功能域	数据类型
byte0	byte1	byte2	byte3	byte4	byte5	byte6	byte7
0xCC	0x14	0x02	0x00	0x03	0x00	0x01	0x01

数据域						网关 ID				校验域	
byte8	byte9	byte10	byte11	byte12	byte13	byte14	byte15	byte16	byte17	byte18	byte19
0x00	0x00	0x00	0x00	0x00	控制值	ID_1	ID_2	ID_3	ID_4	CRC_低	CRC_高

③ 控制值：1 表示电磁锁打开。

④ 智能节点会在电磁锁打开 3 秒后，关闭电磁锁。

⑤ 为达成实验目的，在实验工程中，需在主布局文件（activity_main.xml）中添加 Button 组件，用于触发电磁锁控制器的开关。在主活动（MainActivity.java）中，添加 Button 的相关控制代码。

（2）实验步骤

① 修改主布局文件（activity_main.xml），添加 Button 组件，实现控制，具体如下。

```xml
<?xml version="1.0" encoding="utf-8"?>
<LinearLayout xmlns:android="http://×××.android.com/apk/res/android"
    android:layout_width="match_parent"
    android:layout_height="match_parent"
    android:gravity="center"
    android:orientation="vertical">

    <TextView
        android:layout_width="wrap_content"
        android:layout_height="wrap_content"
        android:text=" 电磁锁 "
        android:id="@+id/txt_data"
        android:textSize="30sp"
        android:textColor="#000"/>

    <Button
        android:layout_width="wrap_content"
        android:layout_height="wrap_content"
        android:text=" 打开 "
        android:id="@+id/btn_on"
        android:textSize="30sp"
        android:textColor="#000"/>
</LinearLayout>
```

② 在主活动（MainActivity.java）onCreat() 中添加 Button 的 setOnClickListener 方法，实现对电磁锁控制器的控制，具体如下。

```java
Button btn_on = (Button)findViewById(R.id.btn_on);

btn_on.setOnClickListener(new View.OnClickListener() {
    @Override
```

```
        public void onClick(View v) {
            sendControlCmd(DataConstants.DEVTYPE_PWM, (byte) 0x03,
            DataConstants.INDEX_FIRST, DataConstants.DATATYPE_BOOL, (byte) 0x01);
        }
});
```

③ sendControlCmd 代码具体如下。

```
    // 发送物联网控制命令
    private static void sendControlCmd(byte dev_type, byte addr, byte index,byte data_type, byte arg) {
        byte[] bytesSend = new byte[20];
        bytesSend[0] = DataConstants.DATA_HEAD;
        bytesSend[1] = (byte) bytesSend.length;
        bytesSend[2] = dev_type;
        bytesSend[3] = (byte) 0x00;
        bytesSend[4] = addr;
        bytesSend[5] = index;
        bytesSend[6] = DataConstants.CMD_CTRL;
        bytesSend[7] = data_type;
        bytesSend[13] = arg;
        bytesSend[14] = (byte) 0xFF;
        bytesSend[15] = (byte) 0xFF;
        bytesSend[16] = (byte) 0xFF;
        bytesSend[17] = (byte) 0xFF;
        DataFormat.setCRC(bytesSend);
        myservice.socketSend(bytesSend);
    }
```

（3）实验结果

实验结果如图 3-10 所示。

图 3-10　实验结果

（4）实验源码

详见物联网场景设计与开发资料包\2.AppExamples 中的 "1.1.5-SmartExp-ctl-lock.rar"。

6. 评价反馈

智能门禁系统基于 Android 应用电磁锁执行器开发实验 SOP 检查见表 3-19。

表 3-19 智能门禁系统基于 Android 应用电磁锁执行器开发实验 SOP 检查

姓名:		组别:	担任岗位:	日期:	总分:	
序号	内容		检查要点		评分标准	扣分
1	Android 调试接口连线		分别检查计算机、Android 嵌入式中控网关是否正确连接迷你 USB 数据线		2 分	
2	导入工程，并连接物联网中间件成功		运行 SmartExp 工程时，是否提示"连接成功"		2 分	
3	结果显示		根据步骤，完成 SmartExp 工程代码编写，运行工程。查看运行工程界面，单击控制按钮，查看执行器状态是否与按钮动作相符		6 分	

点评：

是否通过：□是　　　　□否

评价者：项目主管　　　　　　　　　　教师

说明：①未完成，扣除当前所有分数；②已完成但出现错误，根据实际情况，酌情扣分；③累计扣除的分数超过总分数的一半，视为不合格

7. 个人反思与总结

任务三　智能门禁系统开发实验

1. 情境描述

在智能门禁系统场景中，使用 Android 移动终端作为门禁系统人机交互硬件。需要通过 Android 移动终端获取门禁卡卡号，并将卡号以用户界面（UI）图片或数字、文字的方式展示。

根据获取的卡号，通过数据库对比，判断是否是有效卡，如果是有效卡，则打开电磁锁；如果是无效卡，则提示该卡为无效卡，将无效卡卡号添加到数据库中变更为有效

卡，再次刷卡，即可打开电磁锁。

2. 任务目标

① 熟练使用 SmartExp 综合例程。

② 掌握 SmartExp 综合例程的运行流程。

③ 分析并根据通信协议，使用 SmartExp 示例，在 Android 嵌入式中控网关上编写门禁系统功能的 Android 程序。

④ 显示门禁卡卡号。

⑤ 数据库查询：添加数据库，将获取的卡号与存入数据库的卡号进行比对，如果数据库提示未找到匹配卡号，则为未注册卡。

⑥ 数据库写入：可将未注册卡信息加入数据库。

⑦ 数据库删除：也可将注册卡信息从数据库中删除。

⑧ 智能开锁：根据数据库的比对结果，遇到注册卡会自动开锁，实现智能门禁功能。

3. 任务分组

教师将班级学生分成若干组，每组 3 人，轮值安排担任项目主管、1 号成套开发工程师、2 号成套开发工程师。以团队合作的方式完成实验，锻炼组内成员的协调、合作能力。学生任务分配见表 3-20。

表 3-20　学生任务分配

班级			组号	
项目经理			项目主管	
成员	学号	姓名	角色	任务分工
			项目主管	不参与任务操作，负责过程监督、质量评价
			1 号成套开发工程师	严格按照实验步骤，完成智能门禁系统开发实验操作
			2 号成套开发工程师	辅助 1 号成套开发工程师，完成智能门禁系统开发实验操作
备注				

4. 制订工作计划

工作计划见表 3-21。

表 3-21　工作计划

阶段	时间	动作	要点	责任人	协助	物料
进行实验	实验前	准备好所需的硬件、软件环境	① 硬件和软件系统搭建完成是实验进行的基础 ② 检查硬件、软件准备是否齐全	2 号成套开发工程师	1 号成套开发工程师	1. 硬件 ① 准备 Cortex 嵌入式终端、计算机（一台）、迷你 USB 数据线（一根） ② 物联网无线节点 ③ RFID 读卡器 ④ RFID 卡片（14443） ⑤ 电磁锁 ⑥ 异构网关 2. 软件 ① 计算机操作系统 Windows（7、10） ② Android Studio 开发环境
	实验中	严格按照实验步骤，准确完成智能门禁系统控制开发实验	严格根据实验步骤和要求进行实验	1 号成套开发工程师	2 号成套开发工程师	
	实验后	严格按照任务目标，查看智能门禁系统功能是否正常	根据实验对象的不同，详细检查实验结果的正确性	2 号成套开发工程师	1 号成套开发工程师	

5. 工作实施

（1）任务分析

① 使用"Android 应用 RFID 读卡器开发实验"的实验源码，获取卡号并显示功能。

② 添加 LitePal 数据库，完成卡号对数据库的写入、查询、删除功能。

③ 根据查询结果，如果是注册卡，则联动开启电磁锁；如果是未注册卡，则不开启电磁锁。

④ 为达成实验目的，在实验工程中，需在主布局文件（activity_main.xml）中添加 TextView 进行 RFID 标签的显示，添加 Button 按钮用来操作数据库添加有效标签和删除有效标签，然后在主活动（MainActivity.java）中，添加数据判断处理的代码，当识别到有效标签后自动开启电磁锁。

需要注意的是，智能节点会在电磁锁打开 5 秒后，自动关闭电磁锁。

（2）实验步骤

步骤一：打开 Android Studio，导入 SmartExp-RFID 工程，MainActivity 如图 3-11 所示。

步骤二：修改主布局文件（activity_main.xml），完成智能门禁系统的所有界面要求，例如，"设为有效""设为无效""开启门锁"等功能，具体如下。

图 3-11　MainActivity

```xml
<?xml version="1.0" encoding="utf-8"?>
<LinearLayout xmlns:android="http://×××.android.com/apk/res/android"
    android:layout_width="match_parent"
    android:layout_height="match_parent"
    android:gravity="center"
    android:orientation="vertical">
    <TextView
        android:id="@+id/txt_data"
        android:layout_width="wrap_content"
        android:layout_height="wrap_content"
        android:text=" 标签编号 "
        android:textColor="#000"
        android:textSize="30sp" />
    <Button
        android:id="@+id/btnSave"
        android:layout_width="wrap_content"
        android:layout_height="wrap_content"
        android:text=" 设为有效 "
        android:textColor="#000"
        android:textSize="24sp" />
    <Button
        android:id="@+id/btnDel"
        android:layout_width="wrap_content"
        android:layout_height="wrap_content"
        android:text=" 设为无效 "
        android:textColor="#000"
        android:textSize="24sp" />
    <Button
        android:id="@+id/btnUnlock"
        android:layout_width="wrap_content"
        android:layout_height="wrap_content"
        android:text=" 开启门锁 "
        android:textColor="#000"
        android:textSize="24sp" />
</LinearLayout>
```

步骤三：修改主活动（MainActivity.java），添加不同的内容。

① 全局声明具体如下。

```java
//RFID 标志
private byte byteRFIDFlag = (byte) 0xFF;
private TextView txt_data;
```

② 在 onCreate 中添加 findViewById，使用该方法找到操作组件，具体如下。

```
Button btnSave = findViewById(R.id.btnSave);
Button btnDel = findViewById(R.id.btnDel);
Button btnUnlock = findViewById(R.id.btnUnlock);
txt_data = findViewById(R.id.txt_data);
```

③ 修改数据处理部分代码，具体如下。

```
// 处理接收的数据包
private void dataDispose(byte[] Packet) {
    if (Packet[2] == DataConstants.DEVTYPE_485 && Packet[6] ==
DataConstants.CMD_INTERVAL) {
        byte[] data = new byte[6];
        for (int i = 0; i < data.length; i++) {
            data[i] = Packet[8 + i];
        }
        switch (Packet[4]) {
            case (byte) 0x06:
                showRfid(data);
                break;
        }
    }
}
private void showRfid(byte[] Packet) {
    String strCardNum = "";
    byte[] byteCardNum = new byte[4];
    for (int i = 0; i < 4; i++) {
        byteCardNum[i] = Packet[2 + i];
    }
    strCardNum = DataFormat.bytes2HexString(byteCardNum);
    if (byteRFIDFlag == (byte) 0xFF || strCardNum.equals( "00000000" )) {
        byteRFIDFlag = Packet[0];
        return;
    } else if (byteRFIDFlag == Packet[0]) {
        return;
    } else if (byteRFIDFlag != Packet[0]) {
        byteRFIDFlag = Packet[0];
    }
    txt_data.setText(strCardNum);
}
```

步骤四：编译工程，测试刷卡运行结果。

运行结果如图 3-12 所示。

步骤五：添加 LitePal 数据库。

① 复制"物联网场景设计与开发资料包"路径文件"AppExamples"→"1.1.6-SmartExp-EntranceGuard"→"libs"文件夹中的 litepal-2.0.0.jar 到工程 libs 目录中。"libs"文件夹如图 3-13 所示。

图 3-12　运行结果

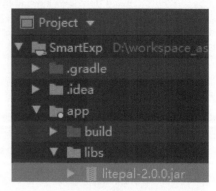

图 3-13　"libs" 文件夹

② 修改 build.gradle(Module:App) 如图 3-14 所示。

```
dependencies {
    implementation fileTree(dir: 'libs', include: ['*.jar'])
    implementation files('libs/litepal-2.0.0.jar')
}
```

图 3-14　修改 build.gradle(Module:App)

③ 新建 assets 目录如图 3-15 所示。

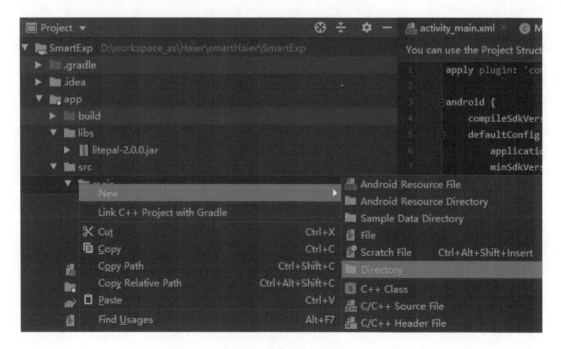

图 3-15　新建 assets 目录

图 3-15　新建 assets 目录（续）

④ 复制"物联网场景设计与开发资料包"路径文件"AppExamples"→"1.1.6-SmartExp-EntranceGuard"→"App/src/main/assets"文件夹中 litepal.xml 到 assets 目录下。litepal.xml 如图 3-16 所示。

图 3-16　litepal.xml

源码如下。

```xml
<?xml version="1.0" encoding="utf-8"?>
<litepal>
    <dbname value="mDataBase" />
    <version value="1" />
    <list>
        <mApping class="example.smart.demo.database.db_cardID"></mApping>
    </list>
</litepal>
```

⑤ 修改工程 AndroidManifest.xml 文件，在 Application 中添加如下代码。

```
android:name="org.litepal.LitePalApplication"
```

修改工程 AndroidMani-fest.xml 文件如图 3-17 所示。

```
<?xml version="1.0" encoding="utf-8"?>
<manifest xmlns:android="http://×××.android.com/apk/res/android"
    package="example.smart.demo">

    <uses-permission android:name="android.permission.INTERNET" />

    <application
        android:name="org.litepal.LitePalApplication"
        android:allowBackup="true"
        android:icon="@mipmap/ic_launcher"
        android:label="SmartDemo"
        android:roundIcon="@mipmap/ic_launcher_round"
        android:supportsRtl="true"
        android:theme="@style/AppTheme">
        <activity android:name="example.smart.demo.MainActivity">
            <intent-filter>
                <action android:name="android.intent.action.MAIN" />

                <category android:name="android.intent.category.LAUNCHER" />
            </intent-filter>
        </activity>

        <service
            android:name="example.smart.demo.SocketServiceHex"
            android:enabled="true" />
    </application>

</manifest>
```

图 3-17   修改工程 AndroidManifest.xml 文件

⑥ 复制"物联网场景设计与开发资料包"路径文件"AppExamples"→"AppExamples"→"1.1.6–SmartExp–EntranceGuard"→"App/src/main/java/example/smart/demo/database"文件夹中 CardID.java 和 db_cardID.java 到工程中。CardID.java 和 db_cardID.java 如图 3–18 所示。

⑦ 调用数据库

在 MainActivity.java 中实例化 CardID 类。调用数据库代码如图 3–19 所示。

图 3-18   CardID.java 和 db_cardID.java

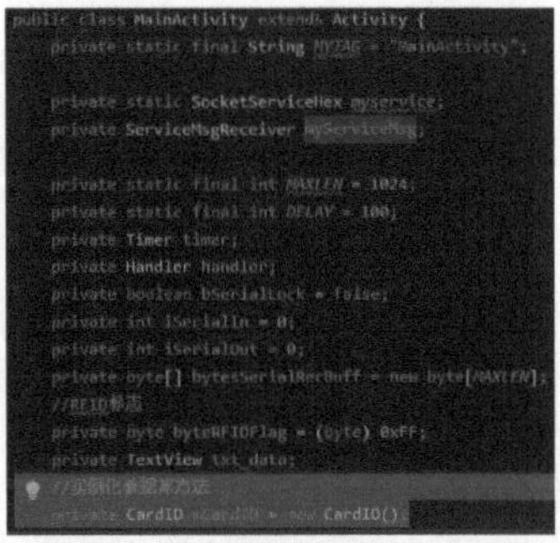

图 3-19　调用数据库代码

至此，LitePal 数据库添加完成。

步骤六：修改添加 btnSave、btnDel 和 btnUnlock 事件代码，完成"设为有效""设为无效""开启门锁"功能，具体如下。

```
btnSave.setOnClickListener(new View.OnClickListener() {
    @Override
    public void onClick(View v) {
        String strCardID = txt_data.getText().toString();
        if (!strCardID.equals("") && !strCardID.equals("00000000") && !strCardID.equals("标
签编号")) {
            mCardID.addCardID(strCardID);
            Toast.makeText(getApplicationContext(), "卡片设为有效",
Toast.LENGTH_SHORT).show();
        }
    }
});
btnDel.setOnClickListener(new View.OnClickListener() {
    @Override
    public void onClick(View v) {
        String strCardID = txt_data.getText().toString();
        if (!strCardID.equals("") && !strCardID.equals("00000000") && !strCardID.equals("标
签编号")) {
            mCardID.delCardID(strCardID);
            Toast.makeText(getApplicationContext(), "卡片设为无效",
Toast.LENGTH_SHORT).show();
        }
    }
});
btnUnlock.setOnClickListener(new View.OnClickListener() {
    @Override
    public void onClick(View v) {
      sendControlCmd(DataConstants.DEVTYPE_PWM,
DataConstants.SENSOR_PWM_POWERONLOCK,                    DataConstants.INDEX_FIRST,
DataConstants.DATATYPE_BOOL, (byte) 0x01);
    }
});
```

步骤七：修改添加联动开启电磁锁代码，具体如下。

```java
private void showRfid(byte[] Packet) {
    String strCardNum = "";
    byte[] byteCardNum = new byte[4];
    for (int i = 0; i < 4; i++) {
        byteCardNum[i] = Packet[2 + i];
    }
    strCardNum = DataFormat.bytes2HexString(byteCardNum);

    if (byteRFIDFlag == (byte) 0xFF || strCardNum.equals("00000000")) {
        byteRFIDFlag = Packet[0];
        return;
    } else if (byteRFIDFlag == Packet[0]) {
        return;
    } else if (byteRFIDFlag != Packet[0]) {
        byteRFIDFlag = Packet[0];
    }

    txt_data.setText(strCardNum);

    if (!mCardID.getCardID(strCardNum).isEmpty()) {
      sendControlCmd(DataConstants.DEVTYPE_PWM,
DataConstants.SENSOR_PWM_POWERONLOCK,                    DataConstants.INDEX_FIRST,
DataConstants.DATATYPE_BOOL, (byte) 0x01);
    }
}
// 发送物联网控制命令
private static void sendControlCmd(byte dev_type, byte addr, byte index, byte data_type,
byte arg) {
    byte[] bytesSend = new byte[20];
    bytesSend[0] = DataConstants.DATA_HEAD;
    bytesSend[1] = (byte) bytesSend.length;
    bytesSend[2] = dev_type;
    bytesSend[3] = (byte) 0x00;
    bytesSend[4] = addr;
    bytesSend[5] = index;
    bytesSend[6] = DataConstants.CMD_CTRL;
    bytesSend[7] = data_type;
    bytesSend[12] = (byte) 0x01;
    bytesSend[13] = arg;
    bytesSend[14] = (byte) 0xFF;
    bytesSend[15] = (byte) 0xFF;
    bytesSend[16] = (byte) 0xFF;
    bytesSend[17] = (byte) 0xFF;
    DataFormat.setCRC(bytesSend);
    myservice.socketSend(bytesSend);
}
```

（3）实验结果

实验结果如图 3-20 所示。

图 3-20　实验结果

（4）实验源码

详见物联网场景设计与开发资料包 \2.AppExamples 中 1.1.6-SmartExp-EntranceGuard.rar。

6. 评价反馈

智能门禁系统基于 Android 应用门禁系统开发实验 SOP 检查见表 3-22。

表 3-22　智能门禁系统基于 Android 应用门禁系统开发实验 SOP 检查

姓名：		组别：	担任岗位：	日期：		总分：
序号	内容		检查要点		评分标准	扣分
1	Android 调试接口连线		分别检查计算机、Android 嵌入式中控网关是否正确连接迷你 USB 数据线		1 分	
2	导入工程，并连接物联网中间件成功		运行 SmartExp 工程时，提示"连接成功"		1 分	
3	卡号信息是否正常显示；"开启门锁"按钮是否正常控制		刷卡后，卡号信息显示正确；单击"开启门锁"按钮后，电磁锁打开		2 分	
4	卡号信息在数据库中查询，是否提示有效卡或无效卡		刷卡后，显示新卡卡号提示该卡为无效卡		2 分	
5	卡号信息存入数据库。存入后，再次刷卡，是否自动开锁		刷卡后，通过"设为有效"按钮，将新卡信息存入数据库。再次刷卡，自动开锁		3 分	
6	卡号信息从数据库中删除。是否解除自动开锁		刷卡后，通过"设为无效"按钮，将卡号信息从数据库中删除。再次刷卡，不能开锁		1 分	
点评：						

续表

是否通过: □是　　　　□否
评价者: 项目主管　　　　　　　　教师
说明: ①未完成，扣除当前所有分数；②已完成但出现错误，根据实际情况，酌情扣分；③累计扣除的分数超过总分数的一半，视为不合格

7. 个人反思与总结

附录

附录 1

Android 物联网
综合应用开发

任务一　Android 应用程序开发环境的搭建内容

Android 应用程序开发环境的搭建内容请扫二维码获取。

任务二　Android 智能系统应用示例代码解析

1. 情境描述

在 Android Studio 集成开发环境中调试，运行 SmartExp 例程；掌握 SmartExp 编写原理及内容。

2. 任务目标

① 掌握综合示例 SmartExp 中包括的 Android 编程技术。

② 熟悉并掌握综合示例 SmartExp 使用方法，为后续的实验提供框架支持。

3. 基本知识

实验所需的软硬件如下。

硬件：实训设备、计算机、USB 数据线。

软件：计算机操作系统 + Android Studio 集成开发环境。

1）通信原理

（1）无线网关 ↔ 物联网中间件

智能实训系统通信原理：各个智能节点（即智能节点包含蓝牙、ZigBee、Wi-Fi 等，并连接不同的传感器和执行器）无线连接到各个智能节点的协调器，各个智能节点的协调器在汇聚网关中将所有不同协议的数据汇聚，然后通过串口连接到物联网中间件的串口，波特率为 115200bit/s。

（2）物联网中间件

① 数据上行。

物联网中间件接收无线网关的串口数据。物联网中间件建立 Socket 服务端，IP 地址设置为 192.168.1.88，端口设置为 8899。Socket 客户端（连接物联网中间件服务端）通过网络连接后，物联网中间件把串口接收到的数据通过网络，转发给 Sokcet 客户端。

② 数据下行。

物联网中间件建立 Socket 服务端，IP 地址设置为 192.168.1.88，端口设置为 8899。Socket 客户端（连接物联网中间件服务端）通过网络连接后，发送控制命令到物联网中间件。物联网中间件接收到 Socket 客户端发送的控制命令后，把接收到的控制命令通过串口发送到无线网关。

（3）物联网中间件 ↔ 应用客户端

扩展思维：如果想让程序运行在计算机、移动设备（手机、平板电脑）上，并且能实现采集、控制端节点中的传感器、执行器，那么可以采用 C/S 架构，在物联网场景设计与开发实训平台——嵌入式终端上运行一个 Socket 客户端程序。Socket 客户端程序连接物联网中间件。通过 Sokcet 编程即可获取相关数据。

2）实训系统 C/S 架构

智能实训系统软件采用的是 C/S 架构。

（1）Server（服务器端）

服务器端即物联网中间件 Socket 服务端。出厂时已经配置完成，不需要修改。配套设备铭牌标明 IP 地址和端口详细信息（后面内容以 IP 地址 192.168.1.88，端口 8899 进行讲解）。如果需要修改，那么请查看物联网中间件相关修改文档。

（2）Clinet（客户端）

通过上面内容的介绍，客户端编程只须通过网络连接 Server 即可。下面简要分析 SmartExp 所涉及的编程技术。

① Android Socket 客户端技术（Socket 数据的接收与发送）。

② Android Service 技术（在服务中运行 Socket 连接，负责数据的接收处理）。

③ Android 广播技术（实现服务中数据接收后，转发给对应的 Activity）。

④ Android 线程、定时器技术。

⑤ Android 基础技术（Activity、String 类型转换）等。

3）导入 SmartExp 综合例程

实训平台 Android 初始示例代码在 SmartExp-0.rar 中。后面所有的示例内容均以此延伸，添加相关功能完成。

（1）解压 SmartExp-0.rar

找到"物联网场景设计与开发资料包"目录中的 AppExamples 的 SmartExp-0.rar

文件。解压 SmartExp-0.rar 到当前文件夹，得到 SmartExp 综合例程。解压文件如附图 1-1 所示。

附图 1-1　解压文件

将 SmartExp 复制到 Android Stuido 工作区中。

（2）使用 Android Studio 导入 SmartExp 工程

导入成功后，目录结构如附图 1-2 所示。

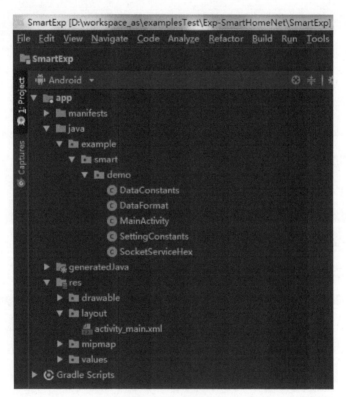

附图 1-2　目录结构

4）MainActivity.java 解析

MainActivity.java 作为整个工程的入口，运行流程如下。

（1）onCreate()

① 加载 activity_main.xml。

② intEvent()。

注册接收服务。

启动定时器 timer，通过 scanData 解析从网络服务端传送来的数据。

bind 启动服务。

③ 启动服务后，后台启动服务 SocketServiceHex。

（2）广播接收 ServiceMsgReceiver

接收 SocketServiceHex 中的 sendMsgtoActivty 发送给 Acvtivity 的数据，代码如下。

```
public class ServiceMsgReceiver extends BroadcastReceiver {
    @Override
    public void onReceive(Context context, Intent intent) {
        if (intent.getAction().equals(MYTAG)) {
            String msg = intent.getStringExtra("msg");
            try {
                ReceiveData(msg.getBytes("ISO-8859-1"));
            } catch (Exception e) {
                Log.i("Recv", "Error!");
            }
        }
    }
}
```

通过 ReceiveData(byte[] bRecData) 把 String 类型的 msg 转换到 bytesSerialRecBuff 数组中。

（3）判断数据包

通过定时器，定时 100ms，在 scanData() 中判断一次 bytesSerialRecBuff 中的数据是否正确、是否符合应用协议。最后通过判断包头、包长度、校验，得到正确完整的一帧数据包，之后根据应用协议，解析正确的数据包，将其显示到界面中。

① 通过对比 DATA_RET_HEAD 来判断 bytesSerialRecBuff 中是否有正确的包头，运行代码如下。

```
if (bytesSerialRecBuff[iSerialOut] = = DataConstants.DATA_RET_HEAD)
```

② 通过 checkCRC(buf) 判断 buf 是否为正确的数据包。如果正确，打印数据包，并且进入 dataDispose(buf) 等待后续处理。

5）SocketServiceHex.java 解析

bind 启动服务后，SocketServiceHex 流程如下。

（1）onCreate()

① socketConnect()。

从 SettingConstants.java 中获取 Socket 服务端的 IP 地址和端口号，代码如下。

```
sDemoIP = SettingConstants.DemoIP;
sDemoPort = SettingConstants.DemoPort;
```

通过 IP 地址和端口号连接 Socket 服务端，建立输入流、输出流，代码如下。

```
SocketAddress isa = new InetSocketAddress(sDemoIP, Integer.parseInt(sDemoPort));
socketDemo.connect(isa, 100);
inDemo = new DataInputStream(socketDemo.getInputStream());
outDemo = new DataOutputStream(socketDemo.getOutputStream());
```

如果连接成功，则通过 Toast 通知"连接成功"；反之，通知"连接失败"。

② socketRecv()。

用来接收从 Socket 服务端传送来的数据，代码如下。

```
int iCount = inDemo.read(recvbuffer);
if (iCount != -1) {
        byte[] data = new byte[iCount];
        for (int i = 0; i < iCount; i++) {
            data[i] = recvbuffer[i];
        }
        String str = new String(data, "ISO-8859-1");
        sendMsgtoActivty(str);
}
```

通过 sendBroadcast() 把接收到的数据发送出去，等待 MainActivity 中的广播接收器接收数据，代码如下。

```
public void sendMsgtoActivty(String msg) {
Intent intent = new Intent(strMessageForDemo);
    intent.putExtra("msg", msg);
    sendBroadcast(intent);
}
```

（2）socketSend()

接收 MainActivity 发送给 Socket 服务端的数据（控制命令），代码如下。

```
public void socketSend(byte[] data) {
dataSend = data;
    mThreadPool.execute(new Runnable() {
    @Override
        public void run() {
          if (bSocketflagDemo) {
                try {
                        outDemo.write(dataSend, 0, dataSend.length);
                    } catch (Exception e) {
                }
            }
        }
    }
});
```

6）SettingConstants.java 解析

用于保存工程连接的 Socket 服务端的 IP 地址和端口号。测试时，请根据不同的 Socket 服务地址和端口，修改相应代码，代码如下。

```java
public class SettingConstants {
    public static String DemoIP = "192.168.1.88";
    public static String DemoPort = "8899";
}
```

7）DataConstants.java 解析

用于存放常量定义，例如包头、设备类型，传感器类型等。

8）DataFormat.java 解析

用于存放常用的一些数据格式转换方法、校验方法等，示例如下。

hexString2Bytes(String src)　　　　　　：hex 字符串转换 byte 数组。

bytes2HexString(byte[] bytes)　　　　　　：byte 数据转换 hex 字符串。

checkCRC(byte[] BytesFrame)　　　　　　：校验数组。

setCRC(byte[] BytesFrame)　　　　　　　：返回校验位。

9）activity_main.xml 解析

界面中只存放了一个 TextView，没有实际的数据显示，代码如下。

```xml
<?xml version="1.0" encoding="utf-8"?>
<LinearLayout xmlns:android="http://×××.android.com/apk/res/android"
    android:layout_width="match_parent"
    android:layout_height="match_parent"
    android:gravity="center">

    <TextView
        android:layout_width="wrap_content"
        android:layout_height="wrap_content"
        android:text="Hello World!"
        />
</LinearLayout>
```

10）SmartExp 编译、运行

（1）确认 SettingConstants.java 中的 IP 地址和端口号

需要注意的是，默认物联网中间件 IP 地址为 192.168.1.88，端口设置为 8899，代码如下。

```java
public class SettingConstants {
    public static String DemoIP = "192.168.1.88";
    public static String DemoPort = "8899";
}
```

（2）编译工程

编译工程如附图 1-3 所示。

附图 1-3　编译工程

（3）运行工程

连接好 USB 数据线到"USB OTG"口后，打开嵌入式网关电源。运行工程如附图 1-4 所示。

附图 1-4　运行工程

（4）运行结果

可以看到嵌入式网关界面提示"连接成功"。连接成功如附图 1-5 所示。

附图 1-5　连接成功

11）SmartExp 运行结果数据解析

打开 Android Studio 中的 Logcat。在 Logcat 中选择 Warn。收到数据如附图 1-6 所示。

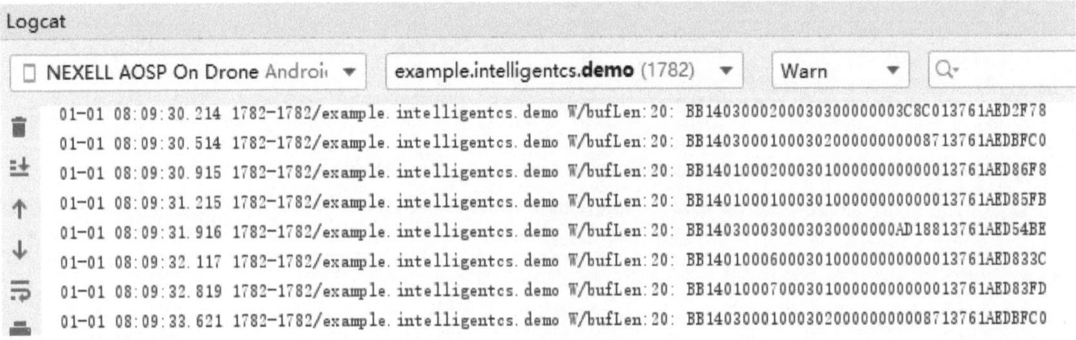

附图 1-6 收到数据

根据打印信息，在代码中，对应位置如下。

```
if (DataFormat.checkCRC(buf)) {
    Log.w("bufLen:" + String.valueOf(validReceiveLen()), DataFormat.bytes2HexString(buf));
    iSerialOut = iReadPos;
    dataDispose(buf);
    bSerialLock = false;
    return;
}
```

可以看到，打印出来的数据是在 checkCRC 之后出来的。代表数据已经校验，而且是正确的数据。

在之后的示例中，通过 dataDispose 处理数据，按照应用协议，解析并显示到界面中。

物联网场景设计与开发实训平台——应用层通信规程与协议

一、通信规程

1. 规范

节点与网关 / 上位机采用无线模块串口通信方式，有 3 层结构，即物理层、链路层、应用层。

（1）物理层

使用无线模块串口通信，通信速率均为 115200 bit/s。

（2）链路层

采用全双工方式。每字符采用 1bit 起始、8bit 信息、无校验和 1bit 停止位。

（3）应用层

应用层采用成帧模式及字节 CRC16 校验方式。

2. 约定

网关 / 上位机：与无线模块连接的计算机端应用程序或 Android App。

节点：工业智能节点模块。

→→→：数据方向。

波特率：115200 bit/s。

数据位：8。

停止位：1。

校验位：无。

流控制：无。

二、通信协议

命令帧或应答帧格式见附表 2-1。

附表 2-1 命令帧或应答帧格式

包头	帧长度	地址域	功能域	数据类型	数据域	网关 ID	校验域
HEAD	LENGTH	ADDR	CMD	DATA TYPE	DATA	GATEWAY_ID	VERIFICATION
1 字节	1 字节	4 字节	1 字节	1 字节	6 字节	4 字节	2 字节

1. 包头（HEAD）

① 上位机→→→节点：0xCC。

② 节点 →→→上位机：0xBB。

2. 帧长度（LENGTH）

长度内容默认为 20，特殊类型以实际数据长度为准。

3. 地址域（ADDR）

地址域（ADDR）见附表 2-2。

附表 2-2 地址域（ADDR）

字节 1	字节 2	字节 3	字节 4
设备大类型	设备子类型 高字节	设备子类型 低字节	设备索引

设备索引从 0 开始，最大为 254，255 用作将来的广播数据。

（1）设备大类型

设备大类型见附表 2-3。

附表 2-3 设备大类型

0x01	当前设备属于 I/O 类大类型
0x02	当前设备属于功率控制类大类型
0x03	当前设备属于通信类大类型
0xFF	当前设备属于缺省大类型

（2）设备子类型

① I/O 类大类型下的子类型包括弱信号 I/O 口输出（3.3V）、弱信号 I/O 数字量输入、ADC 类等设备。I/O 类大类型下的子类型见附表 2-4。

附表 2-4 I/O 类大类型下的子类型

编号	名称	说明
0x0001	烟雾传感器	上电预热 3 分钟左右
0x0002	可燃气体传感器	上电预热 3 分钟左右
0x0006	红外对射探测器	
0x0007	多普勒传感器	
0x0014	舵机	舵机控制器，I/O-PWM 信号输出控制

② 功率控制类大类型下的子类型包括可调电压输出类、强电通 / 断供电类设备。功率控制类大类型下的子类型见附表 2-5。

附表 2-5　功率控制类大类型下的子类型

编号	名称	说明
0x0001	调光灯	索引 0 为智慧家庭，索引 1 为智慧酒店
0x0003	电磁锁	STM32 自动控制关闭电磁锁
0x0005	报警灯	
0x0006	风扇	

③ 通信类大类型下的子类型包括 RS485 类、RS232 类、TTL 类、无线传输类等设备。通信类大类型下的子类型见附表 2-6。

附表 2-6　通信类大类型下的子类型

编号	名称	说明
0x0001	光照传感器	
0x0002	温湿度（OLED[1] 屏）	温度值；配置地址 0002
0x0003	温湿度（OLED 屏）	湿度值；配置地址 0002
0x0006	RFID 门禁	
0x0009	MP3 播放器	RS232 通信
0x00C0	通用型 4 路继电器	智慧家庭和智慧酒店共用窗帘控制

1. OLED（Organic Light Emitting Diode，有机发光二极管）。

④ 缺省大类型下的子类型一般是用户自定义的设备，限定为 0x0010 ～ 0x00FE。

4. 功能域（CMD）

（1）上位机 →→节点

上位机 →→节点的功能域（CMD）见附表 2-7。

附表 2-7　上位机 →→ 节点的功能域（CMD）

0x01	控制指定的设备执行命令
0x06	场景切换

（2）节点 →→上位机

节点 →→上位机的功能域（CMD）见附表 2-8。

附表 2-8　节点 →→上位机的功能域（CMD）

0x03	定时上传设备数据信息
0x06	响应场景切换

5. 数据类型（DATA TYPE）

数据类型（DATA TYPE）见附表 2-9。

附表 2-9　数据类型（DATA TYPE）

0x01	Bool 类型数据
0x02	整型类型数据
0x03	浮点类型数据
0x04	数组类型数据
0x05	字符串类型数据

需要注意的是，浮点类型数据上位机处理时，需要除以 10000，小数点后面为 4 位，显示处理根据精度情况再做取舍 / 保留小数点位数。

6. 数据域（DATA）

上位机→→→智能节点

（1）当功能域为 0x01 时

当功能域为 0x01 时，为控制指定的设备执行命令功能，数据域内容如下。

① 当设备类型为 12V 调光灯 /12V 智能触摸调光灯时，属于功率控制类大类型，数据类型为整型 [0x02]，数据域字节 1 ～ 5 均填充 0，数据域字节 6 内容见附表 2-10。

附表 2-10　数据域字节 6 内容

0x00	调光灯关闭
0x01 ～ 0x09	调光灯点亮（9 级亮度）

② 当设备类型为 12V 电磁锁时，属于功率控制类大类型，数据类型为 Bool 类型 [0x01]，数据域字节 1 ～ 5 均填充 0，数据域字节 6 显示见附表 2-11。

附表 2-11　数据域字节 6 显示

1	电磁锁通（节点端延迟 3 秒后断电）

③ 当设备类型为 12V 报警灯时，属于功率控制类大类型，数据类型为 Bool 类型 [0x01]，数据域字节 1 ～ 4 均填充 0，数据域字节 5 ～ 6 内容见附表 2-12。

附表 2-12　数据域字节 5 ～ 6 内容

数据域字节 5	指示灯 ==0：不控制。1：智慧家庭——智能安防。2：智慧园区
数据域字节 6	0：报警灯关闭，1：报警灯打开

④ 当设备类型为 12V 风扇（空调）时，属于功率控制类大类型，数据类型为 Bool 类型 [0x01]，数据域字节 1～4 均填充 0，数据域字节 5～6 显示见附表 2–13。

附表 2–13　数据域字节 5～6 显示

数据域字节 5	指示灯 ==0：不控制。1：智慧家庭。2：智慧酒店
数据域字节 6	0：风扇关闭。1：风扇打开

⑤ 当设备类型为 MP3 播放器时，属于通信类大类型，数据类型为数组类型 [0x04]，数据域字节 1～4 均填充 0，数据域字节 5～6 的说明见附表 2–14。

附表 2–14　数据域字节 5～6 的说明

数据域字节 5	0x00：MP3 停止播放
	0x01：MP3 暂停播放
	0x02：MP3 开始播放
	0x03：MP3 播放下一首歌
	0x04：MP3 播放上一首歌
	0x05：MP3 播放指定高频文件
	0x06：MP3 音量调节
数据域字节 6	0～255：控制数据 1 为 0x05 时，对应的文件索引
	0～10：控制数据 1 为 0x06 时，音量等级。0 代表静音

⑥ 当设备类型为通用型 4 路继电器时，属于通信类大类型，数据类型为数组类型 [0x04]，数据域字节 1～4 均填充 0，数据域字节 5～6 具体显示见附表 2–15。

附表 2–15　数据域字节 5～6 具体显示

数据域字节 5	默认 0xAA
数据域字节 6	（bit7～6）：第 4 路 （bit5～4）：第 3 路 （bit3～2）：第 2 路 （bit1～0）：第 1 路

每两位 bit 的意义：00 代表这路继电器断电；01 代表这路继电器通电；10 代表这路继电器不做任何处理。

第 1 路开窗帘，第 2 路关窗帘。

⑦ 当设备类型为舵机时，属于 I/O 类大类型，数据类型为 Bool 类型 [0x01]，数据域字节 1～5 均填充 0，数据域字节 6 的含义见附表 2–16。

附表 2-16　数据域字节 6 的含义

1	舵机打开（节点端延迟 3 秒后关闭舵机）

（2）当功能域为 0x06 时

切换场景，数据域内容见附表 2-17。

附表 2-17　数据域内容

数据域字节 1 ～ 5	填充 00
数据域字节 6	场景编号

场景编号如下：

01——智慧家庭。

02——智慧园区。

03——智慧酒店。

04——智慧教育。

智能节点→→→上位机

（3）当功能域为 0x03 时

具体定时上传设备数据信息功能，数据域内容见附表 2-18。

附表 2-18　数据域内容

设备子类型	数据类型	数据域字节 1	数据域字节 2	数据域字节 3	数据域字节 4	数据域字节 5	数据域字节 6
烟雾传感器	Bool 0x01	0	0	0	0	0	0：正常 1：异常
可燃气体传感器	Bool 0x01	0	0	0	0	0	0：正常 1：异常
红外对射探测器	Bool 0x01	0	0	0	0	0	0：正常 1：异常
多普勒传感器	Bool 0x01	0	0	0	0	0	0：正常 1：异常
光照强度传感器（LUX）	整型 0x02	0	0	光照值 1	光照值 2	光照值 3	光照值 4
温湿度模块之温度（℃）	浮点类型 0x03	0：正温度 1：负温度	0	温度值 1	温度值 2	温度值 3	温度值 4
温度模块之湿度（%）	浮点型 0x03	0	0	湿度值 1	湿度值 2	湿度值 3	湿度值 4：0.0 ～ 100.0
RFID 门禁	数组类型 0x04	累计编号（1 ～ 254）	0	卡号 1	卡号 2	卡号 3	卡号 4

7. 网关 ID（GATEWAY_ID）

上位机→→→智能节点

4 字节，控制命令数据默认 0xFF、0xFF、0xFF、0xFF。

智能节点→→→上位机

4 字节，上传传感器数据由异构网关获取后，加入每一帧的上传数据中。